L'ART DE BOIRE

TYPOGRAPHIE DE CH. MARÉCHAL
18, RUE FONTAINE-AU-ROI, 18

L'ART DE BOIRE

CONNAITRE ET ACHETER LE VIN

ET TOUTES LES BOISSONS

GUIDE PRATIQUE

DU PRODUCTEUR, DU MARCHAND ET DU CONSOMMATEUR

PAR

L. MAURIAL

AGRONOME, ANCIEN NÉGOCIANT EN VINS

Que par de *bons avis* le plus pauvre ait en France,
Avec la poule au pot, *bon* vin en abondance.
W. FRANCK.

Prix : 1 fr. 20 c.

PARIS

LIBRAIRIE DU PETIT JOURNAL

112, RUE DE RICHELIEU, 112

CHEZ L'AUTEUR

18, RUE DU FAUBOURG-MONTMARTRE, 13

1865

DÉDICACE

AUX BUVEURS DE TOUS LES PAYS

Je plains les buveurs d'eau,
Je blâme les ivrognes.

L'AUTEUR DE L'ART DE BOIRE.

INTRODUCTION

Les notions les plus élémentaires sur les boissons manquent non-seulement à un très grand nombre de consommateurs, mais encore à la plupart des producteurs et commerçants. Obligé moi-même d'avoir recours aux ouvrages publiés sur ces produits, j'ai remarqué la lacune qu'il y avait à combler, et, malgré mon insuffisance, j'en ai entrepris la tâche.

Mon but est de mettre ce petit volume à la portée de tous. Producteurs, marchands, consommateurs, ouvriers tonneliers ou vignerons y trouveront des enseignements sur des produits dont la plupart ne soupçonnent pas l'existence, et pourront, avec son aide, affirmer l'origine exacte des produits naturels de tous les pays.

Ce n'est pas sans de très nombreux emprunts que j'ai pu compléter cet ouvrage, si modestes que soient ses proportions. J'ai consulté les savants et les spécialistes, Chaptal, Julia de Fontenelle, Brandes, A. Jullien, La Cambre, W. Franck et les journaux spéciaux. Pour la statistique, j'ai trouvé aux ministères des finances et de l'agriculture

l'appui et l'aide d'employés supérieurs, mes
anciens collègues à l'Institut agronomique de
Grignon.

A tous mes remercîments pour l'utile concours qu'ils ont bien voulu prêter à un travail qui aura tout au moins l'utilité de servir
d'éclaireur à quiconque voudra en apprendre
davantage et préparer l'enseignement vinicole de ceux qui ignorent la nomenclature et
l'usage des boissons. Toute mon ambition se
résume dans l'épigraphe de mon travail;
puissé-je apporter à cet immense but un tri-
but d'efforts qui sollicite ceux des viticulteurs
et négociants émérites. Éveiller leur sollicitude dans l'intérêt de tous, les engager à faire
profiter le public de leur expérience et de leur
savoir, serait la récompense la plus ambi-
tionnée de mon initiative.

Il ne suffit pas de s'approvisionner au hasard des boissons dont l'usage habituel peut
avoir une influence considérable sur l'organisation de l'individu; il faut approprier ces
boissons à sa santé d'abord, à ses ressources
relatives, connaître leurs propriétés, leur
effet, les conséquences de leur assimilation,
soit qu'on les consomme en santé ou en maladie, par plaisir ou par besoin. Ce sont
toutes ces conditions que j'ai essayé de réu-
nir sous le titre de L'ART DE BOIRE.

L'ART DE BOIRE

L'Impôt des Boissons.

Cet impôt est l'une des plus importantes branches du revenu public; son rouage est si compliqué, que chaque fois que le législateur a pensé à le modifier, il a au moins ajourné cette résolution, à cause des difficultés qui surgissent de toutes parts.

Tout commerçant, producteur ou consommateur a intérêt à savoir à quelles obligations sont soumis les liquides.

Le droit de circulation s'établit d'après quatre classes de départements.. (*Voir la classe à chacun d'eux.*)

		par hectolitre.
Ceux de 1re classe, pour les vins, payent	» fr.	60 c.
— 2e classe — —	»	80
— 3e classe — —	1	»
— 4e classe — —	1	20
Cidres et hydromels.	»	50

Sont affranchies du droit de circulation :

1° Les boissons qu'un propriétaire, fermier ou

colon partiaire fait conduire de sa cave dans une autre cave lui appartenant ;

2° Celles qu'un marchand peut faire transporter d'une de ses caves ou magasins dans une autre cave ou magasin lui appartenant, et pourvu qu'ils soient situés dans le même département ;

3° Les boissons à destination de l'étranger.

Aucune boisson ne peut voyager ou être enlevée sans une déclaration préalable de l'expéditeur au bureau de la régie, et sans que le conducteur soit muni d'un congé, acquit ou passavant. La même expédition peut servir pour un convoi, si nombreux qu'il soit, pourvu que les voitures marchent ensemble et aient la même destination.

Les propriétaires, dans le cas ci-dessus prévu, devront être munis d'un *passavant*.

Pour les expéditions à l'étranger, un *acquit-à-caution* est nécessaire jusqu'à la sortie.

L'expédition d'un propriétaire ou commerçant à un consommateur se fait sous forme de *congé*.

La permission de traverser une ville sans payer les droits d'octroi s'obtient au moyen d'un *passe-debout*.

Dans les villes soumises au régime de l'octroi, les droits doivent être acquittés à l'entrée.

Toute boisson, en quittant la cave du producteur, est portée par la régie à son compte et à celui du destinataire. Celui-ci est tenu, sous sa responsabilité, de faire toutes déclarations qui le déchargent, attendu que tant qu'elles ne sont ni consommées ni exportées, ces boissons doivent être représentées, sous peine de donner ouverture à un droit de circulation et de consommation.

Termes usités dans la pratique vinicole pour qualifier les Boissons.

ACERBE. Exprime la sensation désagréable au goût d'un vin dont le raisin qui l'a produit n'a pas atteint sa maturité.

AIGRE. Se dit d'un vin ou de toute autre boisson qui tourne à la fermentation acide.

ALCOOL. *Esprit*, 3/6, *eau-de-vie, liqueurs alcooliques*, désignent un liquide originairement connu sous le nom d'esprit-de-vin plus ou moins dégagé d'eau ou mêlé avec des substances sucrées ou parfumées.

ALCOOL *absolu*. C'est l'alcool complétement pur de tout mélange d'eau et à la puissance de 100 degrés centigrades.

ALCOOLATS. C'est l'alcool distillé sur des substances aromatiques.

ALCOOLISER. Ajouter de l'alcool ou le répandre sur un autre liquide.

APRE. Exprime la contraction qu'un liquide fait éprouver à la langue et aux joues quand on le déguste.

AROME. C'est l'odeur qui se dégage d'un liquide et qui est due à des gommes ou résines dissoutes naturellement ou artificiellement. L'arome est toujours plus ou moins alcoolique.

BARRIQUE. Nom qu'on donne, à Bordeaux et dans quelques départements circonvoisins, à un fût qui contient de 220 à 230 litres. A Paris, la forme de cette futaille se désigne sous le nom de bordelaise.

BONDE DE COTÉ. C'est la position inclinée dans laquelle on doit placer les fûts après soutirage, de manière à noyer la bonde dans le liquide et éviter son contact avec l'air.

BOUQUET. Odeur suave des vins, plus fugace, plus déliée et plus variable que l'arome.

BOURRU. On désigne ainsi le jus de la vendange qui n'a pas accompli sa première fermentation et qui est trouble comme le moût.

CHAIS, CELLIERS, MAGASINS. Ce sont des locaux à fleur du sol ou légèrement creusés, dans lesquels on range les vins en tonneaux ou en bouteilles.

CHARNU. Cette expression s'applique au liquide dont les molécules ont beaucoup de consistance.

COLLER, COLLAGE. Opération qui consiste à clarifier un vin en précipitant, au moyen de certaines substances, telles que blancs d'œufs, poudres diverses, le sang et les gélatines, les parties qui masquent sa transparence.

CORPS, CORSÉ. Se dit d'un vin charnu et spiritueux à la fois, et par opposition à vin léger et plat.

CRÉMANT. On désigne ainsi les vins de Champagne qui moussent peu.

CRU, CRUDITÉ. S'applique à un vin commun qui n'est pas encore prêt à être bu.

CRU. Territoire vignoble où l'on récolte un vin de même qualité. Le Bordelais désigne ses récoltes, suivant leur mérite, par 1er, 2e, 3e, 4e et 5e crus.

CUVÉE. S'applique, dans l'acceptation la plus vraie, à la quantité de vendange de même nature récoltée par un propriétaire. C'est sous la désignation de 1ʳᵉ, 2ᵉ ou 3ᵉ cuvée que la Bourgogne range ses vins par ordre de mérite. Cette expression est aussi employée pour indiquer le mélange de vins de même provenance ou de vins de différents pays.

DÉLICAT. Se dit des vins légers, bien que spiritueux, dont toutes les qualités sont en harmonie, mais qui n'ont pas de montant.

DÉNATURER UN LIQUIDE. C'est en changer ou en modifier le caractère propre.

DROIT DE GOUT. S'applique aux boissons qui ne laissent à la dégustation aucun arrière-goût étranger à leur nature.

DUR. Exprime l'impression produite par un liquide chargé de tartre et de tannin.

ÉVENT. Altération contractée dans les fûts qu'on n'a pas eu le soin de mettre à l'abri du contact de l'air.

ÉCHAUFFÉ. C'est la conséquence de la fermentation, dont on n'a pas suffisamment surveillé les phases et dont on n'a pas soutiré le liquide en temps utile.

ERMITAGER. Expression consacrée, à Bordeaux, pour indiquer l'addition d'un vin de l'Ermitage sur un vin léger.

ESQUIVE. Sert à désigner les orifices par où on fait échapper le liquide des tonneaux.

FAIBLE. Se dit des vins où la partie aqueuse domine, mais qui néanmoins peuvent avoir des qualités agréables.

FERME. S'applique aux vins corsés qui n'ont pas encore acquis leur maturité.

FEUILLE. Expression servant à marquer l'âge d'un vin, synonyme d'année.

FEUILLETTE. Tonneau en usage en Bourgogne et qui varie en contenance de 105 à 140 litres.

FIN. Se dit des vins de qualité qui réunissent les conditions de délicatesse, de goût, de conservation et d'un bouquet agréable.

FINIR. On dit qu'un vin finit bien, quand il arrive au point où toutes ses qualités se développent.

FORT. Applicable aux vins corsés, spiritueux et toniques.

FRANC DE GOUT. Se dit d'un vin qui n'a d'autre goût que celui que lui a communiqué le raisin qui l'a produit.

FRANC DE QUALITÉ. Exprime la conservation d'un vin dont le mouvement n'a pas altéré le caractère.

FUMEUX. Propriété qu'ont certains vins de laisser porter très promptement leurs parties spiritueuses au cerveau.

GÉNÉREUX. On qualifie ainsi les boissons qui ont, par leurs propriétés, la vertu de ranimer les forces et de rétablir les fonctions de l'estomac. Ce mot est quelquefois employé pour exprimer la richesse alcoolique d'un vin.

GOUT DE TERROIR. Goût donné au vin par la nature du terrain, le fumier employé pour le fertiliser, ou par les plantes adventices qui transmettent au cep de vigne les odeurs qui leur sont communes.

GRAIN. Qualité de certains vins qui ne sont pas vieux et qui leur donne la propriété de relever les vins faibles, dans les mélanges, en leur donnant le caractère des vins droits de goût.

GRAISSE. Dégénération qui affecte plus particu-

lièrement les vins blancs et leur donne une consistance huileuse. Cet état de maladie persiste plus ou
moins longtemps et disparaît souvent de lui-même.

GROSSIER. S'applique aux vins très communs,
pâteux et lourds.

HECTOLITRE. 100 litres; mesure employée pour
la vente des liquides.

JAUGE. Se dit d'une quantité déterminée de liquide contenu dans les fûts usités dans les divers
vignobles. On appelle ainsi un instrument qui sert
à mesurer la capacité des tonneaux.

LÉGER. Ce mot qualifie les vins dépourvus de
corps et de couleur.

LIQUEUR, LIQUOREUX. Cette désignation s'applique au vin qui, bien que n'étant pas vin de liqueur, a conservé une saveur sucrée pendant un
temps plus ou moins long.

MACHE. Se dit des vins épais nouveaux qui ont
une consistance très grande et qui deviennent char-
nus après avoir perdu leur première lie.

MALADIE. On dit qu'un vin fait une maladie,
lorsqu'il est soumis à des circonstances qui modifient sa constitution ou à des époques qui provo-
quent la fermentation. Ce mot s'applique aussi à
des défauts des futailles qui laissent échapper le
liquide.

MARQUE. Ce mot sert à désigner le nom des
maisons connues pour la vente des vins ou eaux-
de-vie, des vins de Champagne principalement. Il
sert encore à désigner les colis expédiés par la re-
production des marques ou chiffres sur les lettres
de voiture.

MARIAGE. On dit que des vins se marient bien, lorsque de leur mélange résulte un composé qui se goûte franc de goût et se comporte bien sous le rapport de la limpidité et d'une certaine conservation.

MATURITÉ. On dit d'un vin qu'il a une pointe de maturité lorsqu'il laisse dans la bouche un goût liquoreux qui n'est ni dans sa nature, ni de son âge.

MÈCHE, MÉCHER. C'est faire brûler une mèche soufrée dans un tonneau pour en chasser l'air et prévenir la fermentation. Un fût n'est pas bon si la mèche ne prend pas.

MOELLE, MOELLEUX. Ces expressions sont usitées pour indiquer le caractère des vins qui ne sont ni doux ni secs; elles expriment encore la qualité de certains vins dont les parties constituantes sont devenues parfaitement homogènes et donnent au liquide ce velouté qui les rend très agréables à boire.

MONTANT. Ce terme s'applique aux vins mousseux, spiritueux et parfumés, dont les émanations se dégagent promptement pour monter au cerveau.

MORDANT. Les vins qui ont cette qualité sont éminemment propres aux mélanges avec des vins faibles, auxquels ils communiquent leur qualité dans la proportion de leur volume.

MOU. Se dit des vins pâteux et sans spirituosité.

MOUSTILLE. Cette qualification s'applique à une sensation légèrement excitante qui se dégage des vins qui n'ont pas terminé leur fermentation première. Ce goût assez agréable, dû à l'acide carbonique, se retrouve, dit-on, dans une addition de poiré avec le vin.

Mout. C'est le jus de raisin qui n'a pas fermenté.

Muet. C'est le vin dont on a arrêté la fermentation en le soumettant à un courant d'acide sulfureux qui se produit par la combustion du soufre dans les tonneaux où est le vin à *muter*.

Nature. On dit qu'un vin est en nature quand on le goûte tel qu'il est sorti de la vendange et qu'il n'a subi l'addition d'aucun autre vin.

Naturel. Exprime indifféremment vin en nature ou celui qui n'a subi le mélange d'aucun autre liquide que d'autre vin. Les vins coupés entre eux, quelle qu'en soit la provenance, ne cessent pas d'être naturels; ceux qui sont étendus d'eau, de poiré ou remontés avec de l'alcool ne sont pas des vins naturels.

Nerf, nerveux. Qualité propre à certains vins, qui permettent de les faire voyager sans qu'il en résulte aucune altération. Les vins qui ont du nerf résistent aux intempéries des saisons; ils sont très propres à rétablir des vins affaiblis ou usés.

Nif. Expression en usage parmi les sommeliers de Paris pour désigner la limpidité brillante d'un liquide.

Pateux. Se dit des vins épais, dont certaines parties ne semblent pas complétement dissoute dans la masse du liquide et qui en masquent la saveur.

Petit vin. Expression qui sert à désigner la plus petite qualité des vins d'un vignoble.

Pièce. Futaille de diverses contenances en usage dans plusieurs pays et qui varient de 200 à 228 litres. Les plus usitées sont la *mâconnaise* ou *beau-*

jolaise, de 115 litres, et la pièce *beaune*, de 228 litres.

PLAT. Se dit des vins qui, bien que très colorés, sont dépourvus de saveur et de spiritueux.

PIQUANT. Peut s'appliquer à certains vins très secs, à ceux où le tartre domine. On dit encore d'un vin qu'il *pique* lorsqu'il commence à tourner à l'aigre.

POUSSE. C'est le caractère de l'échauffé à un degré plus avancé de décomposition, quelquefois putride, qui s'empare des liquides dont on a négligé la surveillance.

PRÉCOCITÉ. Faculté de certains vins de compléter rapidement leurs qualités.

RAFRAICHIR. C'est ajouter des vins nouveaux sur des vins qui commencent à piquer.

REMONTER. Exprime l'addition d'un vin plus généreux ou d'eau-de-vie sur un vin faible ou sur un mélange de petits vins.

RÉVEILLER. Exprime l'addition, sur un vin ou un mélange de vins trop mous, de vin blanc propre à leur donner un goût de moustille.

ROBE. Synonyme de couleur, mais dans un sens élogieux.

SÉVE. Ce mot désigne un principe constitutif des vins de grande qualité. Si le bouquet est l'agrément de l'odorat, la séve, qui survit à l'introduction du liquide, est celui de la bouche et de l'estomac; sa saveur spiritueuse et embaumée laisse la bouche fraîche, et l'haleine ne se ressent pas de cette odeur vineuse que les vins communs et ordinaires lui communiquent.

SOPHISTIQUER. C'est ajouter aux boissons des substances étrangères à leur composition pour en diminuer le prix et obtenir des bénéfices illicites. Rien jusqu'à ce jour ne prouve que ces additions soient dangereuses pour la santé, mais elles ont pour effet de diminuer le titre du liquide et de tromper sur la qualité de la marchandise vendue. Ce cas ressort de l'art. 423 du Code pénal.

SOUTIRAGE. Cette expression s'applique à deux opérations. La première consiste à tirer du tonneau, aux époques les plus propices, tout le vin clair et y laisser la lie; la deuxième est l'expression consacrée à Paris pour désigner un mélange qu'on a collé et qu'on soutire pour le livrer. A Bordeaux, la première opération se dit *tirer au fin.*

SOYEUX. Qualité d'un liquide dont le contact avec le palais cause une sensation douce et agréable.

TANNIN. C'est un principe astringent qui se trouve en abondance dans l'écorce des arbres, dans le chêne et dans la noix de galle principalement. Tous les vins en contiennent en plus ou moins grande quantité; ceux qui en sont le plus pourvus sont plus durs, mais se conservent et supportent mieux le transport.

TEINTURE. INFUSION, DIGESTION ou MACÉRATION de substances aromatiques dont les parties parfumées ou utiles sont dissoutes dans l'alcool.

TONNEAU. Terme générique employé pour désigner un vaisseau de bois destiné à enserrer les liquides qui peuvent être déplacés. Sa capacité varie suivant les contrées. A Bordeaux et dans plusieurs départements, le tonneau est la mesure adoptée pour la vente des vins; c'est à ce nom que les prix s'établissent. Sa contenance est de 912 litres, contenus dans quatre barriques de 228 litres l'une.

TONNE ou TONNEAU. Désigne, en terme de marine, un poids de 1.000 kilogrammes.

TOURNER. Ce terme exprime une altération qui se manifeste dans certains vins, dont quelques parties constituantes sont en excès et où le spiritueux et le tannin sont trop peu abondants. La matière colorante en trop grande proportion, des sels trop neutres, sont autant de causes qui arrêtent ou entravent la fermentation; il reste des parties sucrées non converties en alcool qui, sous l'influence d'une fermentation latente, empêchent l'excès des parties colorantes ou neutres de se précipiter; alors, à la plus prochaine élévation de température, les vins tournent quelquefois. Les vins tournés sont très propres à être convertis en eau-de-vie

TRAVAIL. En terme de pratique, un vin qui travaille est en état de fermentation.

VELOUTÉ. Synonyme de soyeux. S'applique aux vins qui joignent le moelleux, le corps et la finesse.

VELTE. Mesure ancienne encore en usage dans certaines contrées; elle exprime, en terme décimal, 7 litres 64 centilitres. C'est aussi le nom d'un instrument qui sert à velter.

VELTER. Mesurer avec la velte la capacité d'un tonneau.

VERT. Se dit d'un liquide qui n'a pas atteint sa maturité ou dont le fruit n'a pas mûri. Impression désagréable produite sur la gorge par la dégustation d'un vin trop vert.

VIF. Se dit des vins qui ne sont ni doux ni piquants, qui ont bon goût et une couleur franche, légers quoique spiritueux.

VIN CHAUD. C'est le nom sous lequel on désigne ceux des vins du Midi qui sont pourvus de beaucoup de couleur, de force et de spiritueux.

VIN DOUX. On appelle ainsi un vin bourru et qui a une saveur sucrée et le vin qui conserve sa douceur après la première fermentation.

VIN SEC. On donne cette qualification aux vins qui, comme les vins du Rhin, ont un goût légèrement piquant, mais agréable. Le madère sec n'est pas piquant; c'est par opposition à d'autres vins de cette île qui sont plus doux que cette qualification lui a été donnée.

VINER. C'est donner à un liquide une force vineuse dont il est dépourvu. On vine en versant des vins très spiritueux sur les vins légers ou faibles, ou bien en ajoutant une certaine quantité d'eau-de-vie. L'opération prend le nom de *vinage* ou *avinage*.

VINEUX. Expression qui indique la puissance alcoolique d'un liquide.

VINOSITÉ. Force vineuse des liquides.

Principes constitutifs du vin.

Le vin soumis à l'analyse se décompose de la manière suivante :

1° L'eau, qui en forme la partie la plus considérable;

2° L'alcool, dont la quantité varie suivant le pays

où le vin a été récolté, et la température plus ou moins favorable qui a présidé aux phases de la récolte. Il est produit par la décomposition de la partie sucrée pendant l'acte de la fermentation vineuse. C'est à l'alcool que le vin doit sa force, sa chaleur et sa conservation ;

3° Une petite quantité de matière sucrée, peu soluble, qui fermente d'une manière peu sensible pendant plusieurs années quelquefois, et qui oblige à des soins de soutirage plus ou moins répétés ;

4° Des sels à base de potasse ; le tartre qui produit des bitartrates et des sesquitartrates de potasse : le tartrate, acide de potasse en proportion convenable, contribue à donner au vin une saveur fraîche et agréable ;

5° Une huile essentielle qui contribue à fournir au vin la sève, le bouquet et l'arome qui le caractérisent ;

6° Une matière astringente, âpre, produite par la grappe et surtout par le pepin de raisin qu'on nomme tannin et qui, sans modifier la saveur du vin, contribue puissamment à sa conservation ;

7° La matière colorante, plus ou moins abondante, contenue dans la pellicule du grain du raisin ;

8° Des parties d'acide carbonique qui se dégagent lors de la fermentation du moût, et dont il reste encore quelques portions suspendues ou combinées dans le liquide ;

9° M. J. Fauré a trouvé dans les vins de Bordeaux de bonne qualité un autre principe qui, d'après lui, communiquerait à ces excellents vins un

moelleux et un velouté qui en fait ressortir le bouquet et la séve, et qu'il distingue sous le nom
d'œnanthine ;

10° Un ou plusieurs acides libres qui rougis-
sent la teinte d'abord violacée du vin ;

11° Enfin, l'analyse a démontré, dans les bons
vins de Bordeaux, la présence d'un sel de fer qui
semble justifier les propriétés toniques que les médecins lui attribuent.

Statistique vinicole de la France.

La France est, sans contredit, le pays le plus
essentiellement viticole et vinicole de l'univers :
plusieurs contrées de l'Europe produisent d'excellents vins, mais aucune ne fournit des vins de table
ou d'ordinaire en aussi considérable quantité. Les
vins d'Allemagne, de Russie, d'Autriche, d'Italie,
d'Espagne, du Portugal et de leurs îles, présentent
sans doute, un assez grand nombre de choix, mais
les qualités respectives des vins de ces contrées ont
entre elles une analogie de goût qui ne varie pas
considérablement.

La prodigieuse variété des vins récoltés en France
ne peut se comparer qu'au nombre des propriétaires de vignes qui dépasse le chiffre de 2,200,000
En effet, si on considère le peu d'étendue du terrain consacré à la vigne, eu égard au nombre des
possesseurs, on comprendra combien de nuances,
de qualités, de goûts il en peut résulter. Le nombre
de cépages cultivés est évalué à plus de mille, et

chaque vigneron combine les quelques-uns qu'il lui convient le mieux de choisir; les expositions, la nature du terrain, le climat, les soins de la vigne, du pressoir et du cellier, sont encore autant de circonstances qui modifient le caractère du produit, et en augmentent la diversité.

On peut, par raison, habitude, goût ou plaisir, boire des vins étrangers, mais les vins de France sont les seuls dont on puisse s'abreuver en mangeant; seuls ils ont, à des degrés différents, la propriété de faciliter l'assimilation des aliments et de dégager le cerveau des conséquences d'une digestion laborieuse. Cette salutaire condition n'est peut-être pas étrangère au caractère national, car les Français ont la réputation d'être le peuple le plus gai du globe.

La France compte 11 départements qui ne produisent pas de vin; 20 qui n'en produisent que pour leur consommation, et 58 qui en exportent dans diverses proportions.

Les quantités totales récoltées dans la période des quatre années 1858, 1859, 1860 et 1861 sont, d'après la statistique, ainsi réparties :

1858 Produit total de la récolte.	53,000,000 d'hectol.
1859	Id.	30,000,000
1860	Id.	39,500,000
1861	Id.	30,000,000
TOTAL.		152,500,000

En divisant cette quantité de 152 millions d'hectolitres, on obtient une moyenne, par année, de . . . . 38,140,000 hectol.

La quantité moyenne, pour la même période, des importations, s'élève à... 169,508

TOTAL moyen dispon. p. année. 38,309,500

La consommation moyenne de ces quatre années se répartit ainsi :

Quantités atteintes par l'impôt, c'est-à-dire livrées au commerce. . . . . 18,340,000 hectol.
Converties en eaux-de-vie . . . 2,454,000
Exportées à l'étranger. 2,050,000
Converties en vinaigre.. . . . 220,000
Consommées par les récoltants 15,245,500

TOTAL égal. 38,309,500

Le rapport entre ces chefs d'écoulement n'est pas toujours le même ; selon que la qualité augmente, la conversion en eaux-de-vie diminue ; l'exportation est d'autant plus considérable que les vins qui supportent bien le transport ont été bien réussis. La prospérité des affaires, les bonnes relations avec l'étranger favorisent aussi l'exportation. Les importations des vins étrangers varient également en raison du succès de la récolte en France, sous le rapport de la quantité et surtout de la qualité ; mais en toutes circonstances elles n'arrivent pas au dixième du chiffre des exportations.

Les exportations des eaux-de-vie sont considérables et ne figurent pas dans les chiffres ci-dessus,

Les importations consistent en alcool de grain, vins fins étrangers, liqueurs et bières.

Consommation des Boissons à Paris.

L'*Annuaire du Bureau des Longitudes* publie en 1865, la statistique de la consommation de Paris en 1863. Voici les quantités en ce qui concerne les boissons :

Vins en cercles, déclarés à l'entrée. 2,680,195 hectol.
Vins en bouteilles, · id.· ... 16,343

TOTAL pour les vins. 2,696,538

L'alcool et les eaux-de-vie sont taxés selon leur degré et ramenés au degré de l'alcool absolu ou pur, c'est-à-dire à 100 degrés. . . . . 109,836 hectol.
Cidres et Poirés. 67,040
Vinaigres de toutes sortes. 37,059
Bières à l'entrée. 214,497
Bières à la fabrication. 142,607

La population fixe de Paris, augmentée de la population flottante s'élève à environ 2 millions d'habitants ce qui donnerait 135 litres de vin pour la consommation moyenne de chacun d'eux ; c'est, à peu de chose près, la quantité que chaque habitant de la France consomme aussi en moyenne.

Droits d'entrée des Boissons à Paris.

VINS EN TONNEAUX. — Tous les vins contenus dans des vases d'une capacité supérieure à cinq litres, paient les droits d'après le tarif fixé pour les vins en cercles, quelles que soient la forme et la nature des fûts, à raison de 20 fr. 60 cent. par hectolitre. Ce droit se décompose ainsi : Au profit du Trésor, 8 fr., plus le double décime, 1 fr. 60 c. soit 9 fr. 60 ; pour l'octroi, au profit de la Ville, 10 fr., plus le simple décime 1 fr., soit 11 fr.

Les vins en bouteilles sont assimilés au litre, et en demi-bouteilles au demi-litre, et paient à raison de 28 fr. 30 cent. par hectolitre.

Les droits sur les alcools, eaux-de-vie, liqueurs et fruits à l'eau-de-vie, sont établis suivant les degrés d'alcool que ces liquides, logés en fût, contiennent, à raison de 137 fr. 40 cent. par hectolitre d'alcool absolu à 100 degrés, soit encore à raison de 1 fr. 37,40 par degré contenu dans ces liquides et par hectolitre. Ce droit se décompose ainsi : pour le Trésor, 91 fr. plus le double décime, 18 fr. 20 c. soit 109 fr. 20 c., et 23 fr. 50 c plus les 2 décimes 4 fr. 70 c. soit 28 fr. 20 c. pour la Ville. Au total 137 fr. 40 c. par hectolitre.

Les alcools, eaux-de-vie, liqueurs et fruits à l'eau-de-vie contenus dans des bouteilles, et dont il est impossible d'apprécier le degré sont passibles du droit fixé pour l'alcool absolu, soit 137 fr. 40 c. par hectolitre, et appliqué suivant leur nombre considéré comme contenant un litre ou un demi-litre, alors même que la capacité serait moindre.

Les vins contenant plus de 18 degrés d'alcool et jusqu'à 21 degrés, paient en surplus pour trois degrés d'alcool. Au-dessus de 21 degrés, ils sont considérés comme eaux-de-vie et imposés pour la quantité totale d'alcool qu'ils contiennent.

Les vinaigres, fruits au vinaigre, les lies servant à le fabriquer et le vin de Fismes paient 12 fr. par hectolitre; le cidre, poiré et hydromel, 9 fr. 30 c.; les bières à l'entrée, 4 fr. 55 c., et les bières à la fabrication, 3 fr. 40 cent., les deux décimes compris. 25 kilogrammes de fruits secs comptent pour un hectolitre de cidre, et le raisin frais paie à raison de 5 fr. 75 les 100 kilos.

DÉPARTEMENTS

AIN., *Bresse*
(2ᵉ classe pour les droits de circulation).

Population : 369,767 habitants. 19,000 hectares de vignes, possédés par 22,150 propriétaires, produisent en moyenne 627,000 hectolitres, dont 200,000 hectolitres sont consommés par les habitants. Le surplus est livré au commerce.

Seyssel fournit les meilleurs vins du département. Ils sont de belle couleur, d'un goût agréable et se conservent bien.

Les communes de St-Rambert, Torrieux, Vaux, St-Sorlin et quelques autres dans les coteaux bien exposés, donnent un vin ordinaire de bonne qualité.

Ceux de quelques vignobles de Montmerle, Thoissy et autres, sont d'assez bonne nature ; ils entrent souvent dans le commerce avec et sous le nom de petits vins du Maconnais.

Les vins de 37 communes dans l'arrondissement de Bourg, désignés sous le nom générique de vins du *Revermont*, présentent quelques choix qui ont un goût assez agréable, mais la plus grande partie de ces vins sont sans qualité, âpres, plats et ont un goût de terroir désagréable.

Les vins blancs de SEYSSEL et de PONT-DE-VEYLE sont faibles mais délicats et agréables, et conservent assez longtemps leur douceur. On distingue parmi les meilleurs celui dit de *Gravelle*. Mis en bouteille au printemps qui suit la récolte, ils deviennent mousseux.

AISNE, *Picardie* (3e classe, D. de C.).

Population : 564,597 habitants. 7,900 hectares de vignes, possédés par 16,800 propriétaires, produisent 290,000 hectolitres de vin, dont la majeure partie est consommée par les habitants, qui absorbent encore la récolte de 170,000 hectolitres de cidre et fabriquent 60,000 hectolitres de bière.

Les vins les plus estimés sont ceux de PARGNAN, CRAONE, CRAONELLE, JUMIGNY, VASSOGNE, BELLEVUE et CUSSY. Ils sont légers, délicats, spiritueux et de bon goût. Une grande partie de ces vins est vendue à Lille.

CRÉPY, BIÈVRE, ORGEVAL, VOURCIENNES, PLOYARD, MONTCHALONS et ARANCY fournissent d'assez bonnes qualités de vins, mais inférieurs aux précédents.

CHATEAU-THIERRY et les environs de SOISSONS récoltent des vins qui ne sont pas dépourvus de qualité, mais qui sont froids ; il s'en fait quelques expéditions pour les départements de l'Oise et de la Seine.

ALLIER, *Bourbonnais* (2e classe, D. de C.).

Population : 356,432 habitants. 15,000 hectares de vignes, possédés par 16,500 propriétaires, produisent 420,000 hectolitres de vin, dont 120,000 hectolitres suffisent à la consommation des habitants.

La GARENNE-DU-SEL produit des vins qui, dans les bonnes années, ont quelques qualités ; mais en général les vins de ce département ne jouissent d'aucune réputation. Ils n'ont ni spiritueux ni bon goût. Ils ont toutefois une assez bonne couleur qui les rend propres à être utilisés dans les mélanges. Les meilleurs vins blancs de la commune de MONESTAY sont fort estimés pour les mélanges, auxquels ils communiquent de la légèreté et un bon goût.

Les marchands de la Creuse achètent presque la totalité des vins qui sont livrés au commerce.

ALPES (BASSES-), *Provence*
(1re classe, D. de C.).

Population : 146,368 habitants. 5,640 hectares de vignes, possédés par 12,340 propriétaires, produisent 90,000 hectolitres de vin d'assez bonne qualité qui sont consommés dans le pays.

On cite comme les meilleurs crus ceux du territoire de MÉES.

ALPES (HAUTES-), *Dauphiné* (2e classe, D. d. C).

Population : 125,000 habitants. 4,750 hectares de vignes, possédés par 10,850 propriétaires, produisent 95,000 hectolitres de vin qui ne suffisent pas à la consommation des habitants.

Parmi ces vins, d'assez bonne qualité, on distingue ceux de LA ROCHE-DE-JARJAU, LETRET, CHATEAUNEUF-DE-CHABRE et de la côte de NEFFES.

La clarette de SAULCE est le vin blanc le plus estimé du pays.

ALPES-MARITIMES, *comté de Nice.*

Population : 194,578 habitants. La statistique de ce département, réuni depuis peu à la France, n'ayant pas encore été publiée, il n'est pas possible d'indiquer l'importance de son produit.

Le territoire de BELLET, dans l'arrondissement de PUGET-THÉNIER, fournit un vin rouge, léger, délicat et fort agréable. DOLCE-AQUA et quelques vignobles des environs de Nice produisent aussi des vins estimés.

ARDÈCHE, *Languedoc* et *Vivarais* (2ᵉ classe, D. de C.).

Population : 388,529 habitants ; 24,500 hectares de vignes, possédés par 33,500 propriétaires, produisent 610,000 hectolitres de vin, dont environ 130,000 hectolitres sont consommés par les habitants. Le surplus est livré au commerce.

CORNAS récolte sur son territoire des vins riches en couleur, ayant beaucoup de corps, de moelle et de velouté. Sans avoir la finesse et le bouquet des vins de l'Ermitage, ils se rapprochent beaucoup de ses 2ᵉˢ choix. C'est avec ces vins que les bordelais relevaient la faiblesse des vins de Médoc. Les bons vins de Cahors les remplacent aujourd'hui en très grande partie.

SAINT-JOSEPH, MAUVES, récoltent des vins très

colorés, peu spiritueux, mais qui font un très bon emploi dans les mélanges.

LIMONY, sur les coteaux voisins du Rhône, produit des vins qui ont de la finesse, très spiritueux et de bon goût.

SARA et VION fournissent des vins très colorés, épais et liquoreux d'abord, mais qui deviennent bons en vieillissant.

AUBENAS et L'ARGENTIÈRE produisent des vins communs assez bons.

SAINT-PÉRAY, sur la rive droite du Rhône, donne des vins blancs en abondance qui ont de la délicatesse, du spiritueux, de la sève, un parfum prononcé de violette et un goût très agréable qui leur est particulier. Mis en bouteille au printemps qui suit la récolte, ils moussent comme le champagne et conservent cette propriété pendant plusieurs années. Les plus estimés sont récoltés dans le CLOS-GAILLARD et sur le coteau de HONGRIE.

SAINT-JEAN produit un vin blanc léger, délicat, d'un goût fort agréable, mais en petite quantité. Ce vin est très estimé.

Ces territoires produisent en quantité de bons vins blancs qui sont plus ou moins inférieurs aux précédents. Le principal commerce se fait à Tournon et à Saint-Péray.

ARDENNES, *Champagne* (4e classe, D. de C.).

Population : 329,111 habitants. 1,830 hectares possédés par 6,870 habitants, produisent 95,000 hectolitres qui sont consommés dans le pays. On y récôlte 40,000 hectolitres de cidre et on y fabrique en outre 180,000 hectolitres de bière.

RETHEL, SEDAN et VOUZIERS ont seuls des vignes dont le produit est faible et froid. Ces vins ne se conservent guère plus d'un an et sont consommés dans le pays.

ARIÉGE, *comté de Foix et Languedoc* (1re classe, D. de C.).

Population : 251,850 habitants. 7,240 hectares, possédés par 40,360 propriétaires, donnent 108,000 hectolitres de vin de très mauvaise qualité qu'on coupe quelquefois avec ceux du Languedoc. Tout est consommé dans le pays.

AUBE, *Champagne et Bourgogne* (1re classe, D. de C.).

Population : 262,785 habitants. 16,100 hectares de vignes, possédés par 21,740 propriétaires, produisent 640,000 hectolitres de vin, dont 300,000 hectolitres servent à la consommation des habitants.

Les vins DES RICEYS, justement renommés, sont récoltés dans trois bourgs : 1° RICEY-HAUT ; 2° RICEY-HAUTE-RIVE ; 3° RICEY-BAS. Leur territoire est couvert de vignes qui produisent un vin vif, très spiritueux, d'un goût agréable, beaucoup de sève et un bon bouquet. Il est nécessaire de les garder deux ans en tonneau avant de les mettre en bouteille ; ils y acquièrent beaucoup de qualité.

BALNOT-SUR-LA-LAIGNE, AVIREY et BAGNEUX-

LA-Fosse donnent des vins qui approchent beaucoup du mérite des précédents.

Ces vins sont principalement expédiés dans le nord ; la propriété qu'ils ont de précipiter les boissons froides les fait rechercher par les contrées où la bière est la boisson principale.

Le territoire des Riceys fournit aussi de fort bons vins blancs qui sont pétillants, spiritueux et agréables.

Bar-sur-Aube, Rigny, le Féron, Villenave et plusieurs autres communes fournissent des vins rouges et blancs de diverses qualités.

Le commerce se fait au vignoble et sur les places principales des Riceys, Bar-sur-Aube et Bar-sur-Seine.

AUDE, *Languedoc* (1re classe, D. de C.).

Population : 283,606 habitants. 51,200 hectares de vignes, possédés par 48,000 propriétaires, produisent 665,000 hectolitres de vin, dont 200,000 hectolitres sont consommés par les habitants ; le surplus s'expédie dans toute la France.

Les vins dits de NARBONNE sont généralement connus pour leur belle couleur, leur bon goût, leur moelle et leur spiritueux. Ces qualités les font rechercher pour donner de la force aux vins faibles, peu colorés, trop verts ou trop secs.

Les plus estimés sont ceux dits Fitou, Leucatte, Lapalme et Treilles, dans le canton de Sijean ; Neviau et Villedaigne dans celui de Narbonne ; Argelliers, Mirepeisset et Saint-Nazaire dans le canton de Ginestas.

2.

LA GRASSE, LIMOUX et plusieurs autres territoires produisent de grandes quantités de vins inférieurs aux précédents à divers degrés, jusqu'aux plus communs et aux plus pâteux et grossiers.

Limoux fournit un vin blanc léger, spiritueux et d'un très joli bouquet, mousseux, connu sous le nom de *blanquette de Limoux*.

Le commerce se fait au vignoble et sur la place de Narbonne.

AVEYRON, *Rouergue* (1re classe, D. de C.)

Population : 396,025 habitants. L'importance de la récolte sur environ 45,000 hectares s'élève à 280,000 hectolitres de vin de très mauvaise qualité et d'un goût de terroir désagréable, consommés dans le pays.

RHODEZ possède sur son territoire quelques coteaux qui, par exception, donnent des vins légers et assez agréables.

BOUCHES-DU-RHONE, *Provence* (1re classe, D. de C.).

Population : 507,112 habitants. 37,900 hectares, possédés par 42,600 propriétaires, produisent 530,000 hectolitres de vin, dont 260,000 hectolitres sont consommés par les habitants et une très notable partie est convertie en eau-de-vie.

Le territoire des environs de MARSEILLE produit les meilleurs. Ces choix sont presqu'entièrement destinés à la consommation de la ville. On cite en première ligne SÉON-SAINT-HENRI, SÉON-SAINT-ANDRÉ, SAINT-LOUIS et SAINTE-MARTHE, situés sur les bords de la mer. Ceux de CUQUES, CHATEAU-GOMBERT, SAINT-GÉROME et le quartier des OLIVES.

ARLES, CHATEAU-RENARD, EGUILLES, ORGON et TARASCON récoltent des vins ordinaires et communs.

AUBAGNE et GÉMÉNOS, surtout dans les quartiers de SOLANS et de SAINT-PIERRE, produisent des vins très colorés, corsés, spiritueux et supportant bien le transport, qui se rapprochent beaucoup des qualités de Bandols, dans le Var; ils rendent de grands services pour les mélanges.

ROQUEVAIRE, CASSIS et LA CIOTAT produisent un vin muscat blanc de très bon goût, corsé et spiritueux. Ces contrées font encore des raisins secs.

Le commerce se fait principalement sur la place de Marseille.

CALVADOS, *Normandie* (4e classe, D. de C.).

Population : 480,993 habitants. Le peu de vigne qui produit un vin de médiocre qualité est situé sur le coteau d'ARGENCE, près de CAEN. La boisson des habitants est le cidre, dont on récolte plus de 900,000 hectolitres.

CANTAL, *Auvergne* (3e classe, D. de C.).

Population : 240,523 habitants, 390 hectares de vignes produisent 41,000 hectolitres de vin de la plus mauvaise qualité.

CHARENTE ; *Angoumois* et *Saintonge* (1re classe, D. de C.).

Population : 379,081 habitants. 112,650 hectares de vignes, possédés par 93,000 propriétaires, produisent 1,750,000 hectolitres de vin, dont 350,000 hectolitres suffisent à la consommation des habitants.

Les vins de ce département n'ont pas de réputation ; les meilleurs sont expédiés dans les déparments voisins ou restent dans les caves des propriétaires qui les destinent à leur usage particulier.

On cite les territoires de SAINT-SATURNIN, d'ASNIÈRES, SAINT-GENIS, LINARS, MOULIDARS, ROUILLAC et quelques autres comme récoltant des vins de choix sur les coteaux les mieux exposés ; ils ont de la couleur et un bon goût.

CHARENTE-INFÉRIEURE, *Aunis* et *Saintonge* (1re classe, D. de C.).

Population : 481,060 habitants. 105,000 hectares de vignes, divisés en 35,000 propriétaires, produisent 2,600,000 hectolitres de vin, dont environ 600,000 hectolitres sont consommés par les habitants.

Les produits, bien qu'un peu supérieurs à ceux de la Charente, n'ont pas de renommée. On cite parmi les meilleurs ceux des territoires de SAINTES, CHEPNIERS, FOUCOUVERTE, BUSSAC, LA CHAPELLE, SAINT-ROMAIN, SAUJON, DU GUA, SAINT-JULIEN et BEAUVAIS-SUR-MATHA. Ces vins acquièrent en vieillissant une saveur agréable, du spiritueux, de la légèreté et un léger bouquet.

Ces deux départements sont plus célèbres par l'excellence de leurs eaux-de-vie, connues et appréciées du monde entier. Les pays les plus sauvages ont entendu le mot de *cognac*, nom générique sous lequel ces eaux-de-vie sont désignées partout. (Voir au chapitre des Eaux-de-vie.)

Les vins blancs, sauf quelques rares exceptions, sont convertis en eaux-de-vie.

CHER, *Berri* (2ᵉ classe, D. de C.).

Population : 323,393 habitants. 11,700 hectares, possédés par 29,000 propriétaires, donnent 280,000 hectolitres de vin dont 150,000 hectolitres sont consommés sur les lieux, le surplus est livré au commerce qui l'emploie généralement en mélange avec les vins du Midi.

Les vins de cette contrée sont communs et peu spiritueux. Les territoires de SANCERRE, CHAVIGNOL, VASSELAY et SAINT-AMAND donnent des vins rouges et blancs légers et de bon goût.

Les vins blancs communs sont expédiés pour les vinaigreries d'Orléans.

CORRÈZE, *Limousin* (3ᵉ classe, D. de C.).

Population : 310,118 habitants. 13,900 hectares de vignes, divisés en 15,200 propriétaires, produisent 200,000 hectolitres dont les trois quarts sont consommés par les habitants; le surplus est expédié dans les départements de la Creuse et de la Haute-Vienne.

Les coteaux d'ALLASSAC, DONZENAC, VARETS et quelques autres récoltent des vins ordinaires d'assez bonne-qualité, mais la plus grande partie est faible d'alcool et commune de qualité.

CORSE, *Ile de Corse*. (D. de C.).

Population : 252,889 habitants. 12,000 hectares de vignes, partagés entre 14,500 propriétaires, donnent 288,000 hectolitres de vin dont environ 170,000 hectolitres sont consommés par les habitants.

Les soins de culture et de fabrication sont très-imparfaits, et, malgré cela, les vins de ce pays sont remarquables sous le double rapport de la qualité et de la quantité. Ils sont corsés, délicats et de bon goût.

Les territoires qui produisent les meilleurs sont: AJACCIO, SARI, PÉRI, BASTIA, PIETRA-NEGRA, CAP-CORSE, CALVI, MOUTEMAGGIORE, PORTO-VECCHIO et quelques autres. Ces vins sont exportés dans les villes libres d'Allemagne.

L'île prépare une quantité très-importante de raisins secs dont il se fait un certain commerce.

Le commerce se fait aux ports du cap Corse.

COTE-D'OR, *haute Bourgogne* (2e classe, D. de C.).

Population : 384,140 habitants. 20,600 hectares de vignes, possédés par 33,000 propriétaires, produisent 560,000 hectolitres de vin dont 220,000 hectolitres sont consommés par les habitants, le surplus est livré au commerce de la France et de l'étranger.

La magnifique réputation des vins de ce pays est dès longtemps établie. Ils réunissent, dans les premiers crus, toutes les qualités désirables dans un vin exquis.

Les premiers crus sont établis, par la commune renommée, de la manière suivante:

ROMANÉE-CONTI, territoire de VOSNES. D'une contenance de 1 hectare 72 ares, produit 10 à 12 pièces de vin par an; son caractère spécial est la finesse exquise de son goût.

CHAMBERTIN, sur le territoire de GEVREY. D'une contenance de 25 hectares, produit de 130 à 150 pièces de vin annuellement. Sève très-riche comme caractère spécial.

RICHEBOURG, sur le territoire de VOSNES. D'une contenance de 6 hectares, produit, année commune, de 35 à 40 pièces de vin.

CLOS-VOUGEOT, à 15 kilom de DIJON. Ce vignoble, d'une contenance de 47 hectares, produit de 235 à 240 pièces de vin. Caractère spécial, un peu plus spiritueux. La portion du vignoble qui borde la route donne un vin moins supérieur que celui du haut du coteau.

LA ROMANÉE-SAINT-VIVANT, territoire de VOSNES, donne des vins un peu moins supérieurs que Romanée-Conti, mais produit plus, relativement à son étendue qui est de dix hectares.

LA TACHE, même territoire. D'une contenance de 1 hectare 38 ares, fournit des vins très-supérieurs et qui durent plus longtemps.

SAINT-GEORGES, territoire de NUITS. Produit des vins qui ont de la ressemblance avec ceux de Chambertin, mais avec moins de finesse.

CORTON, territoire d'ALOXE, près BEAUNE. Ressemble au précédent mais avec un peu moins de finesse et plus de vigueur. Il supporte bien le transport par mer et s'améliore beaucoup en vieillissant.

Tous ces vins possèdent, au suprême degré, le corps, la finesse, le spiritueux, le goût exquis, la sève, le bouquet et toutes les qualités des grands vins. On ne peut les distinguer qu'en les comparant et en tenant compte des nuances de leur caractère propre.

Plusieurs autres vignobles trop peu importants pour avoir une grande renommée, possèdent cependant des vins qui pourraient rivaliser, plus ou moins, avec les précédents. De ce nombre on peut citer : LE CLOS DES PREMEAUX, MUSIGNY, LES BONNES-MARES, LES AMOUREUSES, HAUT-DOU-RIS, LE CLOS DU TART, LE CLOS A LA ROCHE, LE CLOS MORJOT, LA MARTROIE, LE CLOS SAINT-JEAN et LA PERRIÈRE.

Les deuxièmes crus sont : Les vins de VOSNES qui sont les plus fins et les plus délicats de la côte de NUITS ; les cuvées dites : LA GRANDE-RUE, VAROILHES, LES MALCONSORTS sont, avec les vignobles désignés sous la dénomination de premières cuvées, les premiers vins des deuxièmes crus.

Les vins dits de NUITS, ECHEZEAUX, VAUR-RAINS, DES CAILLES et plusieurs autres de ce territoire ont du corps, belle robe, moelleux et spiritueux, et se conservent longtemps. Les vins de

CHAMBOLLE peuvent aller de pair, en bonne année, avec les Saint-Georges et Corton.

VOLNAY produit les vins les plus fins, les plus délicats et du plus délicieux bouquet de la côte de Beaune. Les plus renommés sont ceux dits des CAILLERETS, CHAMPANS, LA CHAPELLE et CHEVREY.

VOLNAY-SANTENOT produit encore d'excellents vins rouges et blancs.

POMMARD. Les vins de ce territoire diffèrent des précédents en ce qu'ils ont moins de finesse et plus de corps. On cite les cuvées du CLOS DE LA COMMARENNE, LE RUGIEN et LES EPENEAUX, comme étant les premiers choix.

BEAUNE. Ce territoire est le plus étendu et celui qui fournit le plus de vin à la classe des vins fins et des grands ordinaires. Ils sont réputés pour être les plus francs de goût de tous les vins de Bourgogne. Les plus estimés sont ceux des GRÈVES, LE CLOS DES MOUCHES, LE CLOS DU ROI et LES CRAS. Les vins des HOSPICES DE BEAUNE sont vendus sur lie, et le prix obtenu aux enchères sert ordinairement de règle pour établir le cours des vins fins de ce territoire.

Les territoires de SAVIGNY et de MOREY produisent d'excellents vins en abondance, et qui offrent beaucoup de choix. On cite le CLOS A LA ROCHE et celui DU TART comme supérieurs.

Le territoire de Beaune récolte encore des vins ordinaires de bonne qualité, produit des mélanges de Gamay et Passe-tout-Grain.

Les territoires de MEURSAULT, PULIGNY, ALOXE,

GEVREY, CHASSAGNE, SANTENAY, fournissent des vins de diverses qualités, fins, bon goût, corsés, spiritueux et d'un bouquet très agréable. Les vins ordinaires y sont nombreux et présentent beaucoup de choix ; parmi ceux-ci, on distingue les vins dits *Passe-tout-grain* qui sont très corsés.

Les vins blancs de ce département sont justement renommés : les plus estimés sont les MONTRACHET AINÉ, MONTRACHET CHEVALIER et BATARD MONTRACHET, sur le territoire de Puligny. Ces vins ont beaucoup de corps, de finesse, un excellent goût de noisette et un bouquet dont la force et la suavité les distinguent de tous les autres vins de ce département.

Les vins blancs de MEURSAULT, moins estimés que les précédents, n'en sont pas moins excellents, ils ont beaucoup de finesse. Les coteaux de LA PERRIÈRE, LA COMBETTE, LA GOUTTE-D'OR, LA GENEVRIÈRE et LES CHARMES sont les premiers de ce territoire.

COTES-DU-NORD, *Bretagne* (4e classe, D. de C.).

Population : 628,676 habitants. Ce département ne cultive pas la vigne ; il récolte 500,000 hectolitres de cidre.

CREUSE, *Limousin* (3e classe, D. de C.).

Population : 270,055 habitants. La vigne ne prospère pas dans ce département qui s'approvisionne dans les pays voisins.

DORDOGNE, *Périgord* (1re classe, D. de C.).

Population : 501,887 habitants. 72,000 hectares de vignes divisés entre 80,000 propriétaires produisent 720,000 hectolitres de vin, dont les habitants consomment 270,000 hectolitres, le reste est expédié à Bordeaux et dans toute la France.

Le territoire de BERGERAC récolte les vins les plus estimés de ce département. Les premiers choix sont vifs, légers, spiritueux et parfumés. LA TERRASSE, LA BRIASSE, PÉCHARMANT, CORBIAC, LA CATTE, LE TERME DU ROY et SAINTE-FOY-DES-VIGNES sont les plus estimés.

CREYSSE, LALINDE, BEAUMONT, CADOUIN, LIMEUIL et plusieurs autres communes produisent des vins ordinaires fort bons et qui se conservent bien.

Les vins blancs de MONTBAZILLAC peuvent être considérés comme les secondes qualités des vins de liqueur, douceur agréable, bouquet et parfum excellent, couleur légèrement ambrée; tels sont les caractères qui les distinguent.

SAINT-NEXANT et quelques autres communes produisent aussi de bons vins blancs, mais moins fins, et qui perdent plus tôt leur douceur.

CHANCELADE, dans l'arrondissement de Périgueux, fournit des vins qui ont un bon goût et du spiritueux. BRANTOME, BOURDEILHES, SAINT-PANTALY et autres communes, MAREUIL, arrondissement de Nontron, fournissent de bons vins ordinaires.

Les territoires de Dommes, Saint-Cyprien, arrondissement de Sarlat, donnent des vins colorés, corsés et de bon goût, très-propres à remonter des vins légers ou faibles. La côte de Saint-Léon produit de très-bons vins qui sont estimés. Tous les autres vins de cet arrondissement, sauf de petites exceptions, sont grossiers, noirs, sans spiritueux et de mauvaise qualité. Le commerce se fait au vignoble et sur la place de Bergerac.

DOUBS, *Franche-Comté* (3e classe, D. de C.).

Population : 299,280 habitants. 8,500 hectares de vignes, possédés par 17,600 propriétaires, donnent 233,000 hectolitres de vin qui sont consommés par les habitants.

Les vins qui sont les plus estimés sont ceux des Trois-Chalets et des Emingueys ; ils ont de la finesse et de l'agrément après trois ou quatre ans de garde.

Milery fournit des vins blancs qui approchent en qualité des deuxièmes choix d'Arbois.

DROME, *Dauphiné* (2e classe, D. de C.).

Population : 326,684 habitants. 25,000 hectares de vignes, possédés par 48,000 propriétaires, produisent 300,000 hectolitres de vin, dont 250,000 hectolitres sont consommés par les habitants.

Le territoire de Tain possède le célèbre cru de l'Ermitage. La côte où est plantée la vigne qui le produit est élevée de 150 mètres au-dessus du niveau du Rhône. Ces vignes sont disposées en amphithéâtre, sur la pente méridionale, et sont disposées par quartier. Étant abritées au nord, le soleil darde toute la journée ses rayons sur le sol.

Les vins les plus renommés sont récoltés dans les quartiers nommés MÉAL, GRÉFIEUX, BAUME, ROUCOULE, MURET, GUIOGNIÈRES, LES BESSONS, LES BURGES et LES LAUDS. C'est dans cet ordre qu'on établit les qualités de ces grands vins. Ils sont corsés, moelleux, fins, délicats, d'une belle robe, beaucoup de spiritueux, une sève très aromatique, un bouquet très agréable et très prononcé.

Les vins de l'Ermitage blancs participent, dans leur genre, des qualités des vins rouges. La *clarette* de DIE est surtout estimée; elle mousse comme le champagne; mais cette qualité ne dure pas.

Plusieurs autres territoires de ce département fournissent des vins de diverses qualités, depuis ceux qui, bien que moins remarquables que les précédents, sont néanmoins de grande qualité, jusqu'aux plus ordinaires et aux plus communs. C'est dans les degrés intermédiaires de ces deux extrêmes que l'on trouve les vins qui servent à donner de la force aux vins délicats, mais trop légers ou affaiblis.

On prépare à TAIN un vin *de paille* qui a une belle couleur d'or et dont le prix est très élevé. C'est à Tain que se fait le commerce des vins de l'Ermitage.

EURE, *Normandie* (3e classe, D. de C.).

Population : 398,664 habitants. 4,700 hectares de vignes, possédés par 2,000 propriétaires, produisent 30,000 hectolitres de vin d'assez mauvaise qualité. Ce département récolte aussi 650,000 hectolitres de cidre.

Le territoire d'ÉVREUX fournit les moins médiocres, à CHATEAU-D'ILLIERS, NONANCOURT et TREUIL, et à PORT-MORT dans l'arrondissement des *Andelys*.

EURE-ET-LOIR, *Beauce* (3ᵉ classe, D. de C.).

Population : 290,455 habitants. 3,320 hectares de vignes, partagés entre 8,600 propriétaires, produisent 200,000 hectolitres de vin de médiocre qualité. La plus grande partie est consommée par les habitants; le reste est expédié dans Seine-et-Oise. Ce département produit encore 175,000 hectolitres de cidre.

Les territoires de CHARTRES, DREUX et CHATAUDUN ont quelques vignobles qui donnent des vins un peu supérieurs.

FINISTÈRE, *Bretagne* (4ᵉ classe, D. de C.).

Population : 627,304 habitants. Ce département ne cultive pas la vigne et n'y récolte que 70,000 hectolitres de cidre.

GARD, *bas Languedoc* (1ʳᵉ classe, D de C.).

Population : 422,107 habitants. 70,000 hectares de vignes, divisés en 54,000 propriétaires, produisent 1,235,000 hectolitres de vin, dont 300,000 sont consommés par les habitants, 300,000 sont convertis en eaux-de-vie, et le surplus livré au commerce.

L'arrondissement d'UzÈs produit les meilleurs. CHUSCLAN et la COTE DE TAVEL fournissent des vins peu colorés, fins, légers, spiritueux et d'un goût agréable ; ils sont précoces et durent long-temps. LIRAC et SAINT-GENIEZ produisent sur leur territoire des vins un peu plus fermes, mais moins légers que les précédents.

Les territoires de LEDENON et de SAINT-LAU-RENT-DES-ARBRES donnent des vins de très bonne qualité, qui ont une belle couleur, du corps, bon goût, spiritueux et du bouquet.

BEAUCAIRE, ROQUEMAURE, SAINT-GILLES-LES-BOUCHERIES, BAGNOLS, LACOSTIÈRE, JON-QUIÈRES, LANGLADE, LAUDUN, VAUVERT, MILHAUD, CALVISSON et AIGUES-VIVES four-nissent de très bons vins ordinaires, et dont quel-ques-uns rivalisent avec les précédents.

Tous ces territoires produisent encore des vins or-dinaires et communs qui entrent dans la consom-mation et le commerce sous le nom de leurs divers vignobles.

GARONNE (HAUTE-), haut Languedoc
(1re classe, D. de C.).

Population : 484,084 habitants. 54,000 hectares de vignes, divisés en 36,700 propriétaires, produi-sent 480,000 hectolitres, dont 240,000 sont consom-més par les habitants ; le surplus est livré au com-merce.

Les meilleurs vins de ce pays sont ceux des co-teaux de VILLAUDRIC et de FRONTON. Ils ont du corps; de la délicatesse et un bouquet agréable. Ils supportent bien le transport, se conservent long-temps et s'améliorent beaucoup en vieillissant.

MONTESQUIEU-VOLVESTRE, CUGNAUX et BUZET récoltent des vins qui ne sont pas dépourvus de qualité ; mais les autres contrées ne produisent que des vins communs, plats et grossiers.

GERS, *Gascogne* (1re classe, D. de C.).

Population : 298,934 habitants. 80,000 hectares de vignes, possédés par 70,000 propriétaires, produisent 1,120,000 hectolitres de vin, dont 400,000 sont consommés par les habitants, une très grande partie est convertie en eaux-de-vie, qui sont connues sous le nom d'eaux-de-vie d'*Armagnac*; elles viennent après les premières des Charentes, et rivalisent même quelquefois avec elles. (*Voir aux Eaux-de-vie.*)

Les meilleurs vins de table se récoltent sur le territoire de NOGARO; ils ont une belle couleur, du corps et bon goût; sur ceux de RISCLE, PLAI-SANCE, AUCH, MIRANDE, VIC-FEZENSAC et LEC-TOURE. Ces cantons produisent des vins d'assez bonne qualité, qui peuvent être rangés parmi les bons ordinaires.

GIRONDE, *Guienne* et *Gascogne* (1re classe, D. de C.).

Population : 667,193 habitants. 140,000 hectares de vignes possédés par 60,000 propriétaires, produisent 2,750,000 hectolitres de vin, dont 350,000 hectolitres sont consommés par les habitants.

Ce département est le plus important de France sous le rapport de la qualité et de la quantité de vins rouges et blancs qu'il produit. L'excellence des vins de Bordeaux est trop universellement notoire pour qu'il soit besoin de l'établir. Quelle que soit leur diversité, ils ont entre eux des rapports généraux qui les distinguent de ceux des autres pays. Du plus commun au plus estimé, on pourrait établir une graduation de qualité en autant de divisions qu'il y a de vignobles peut-être, qui marquerait entre eux une distance égale.

Le caractère propre des vins de Bordeaux, dans la mesure de la qualité de chacun d'eux, est une belle couleur pourprée, beaucoup de velouté, une grande finesse, un bouquet très suave, corsé sans être fort, une séve prononcée qui, en embaumant la bouche, la laisse fraîche de toute odeur vineuse, de fortifier l'estomac sans porter à la tête, et ne pas incommoder si on les boit à haute dose. Ils ne redoutent ni les variations de température, ni les longs voyages, qui fatiguent d'autres vins aussi estimés ; ces deux circonstances doivent concourir au contraire à augmenter leurs qualités. C'est à cette dernière propriété que les vins de Bordeaux doivent la renommée qu'ils ont acquise dans le monde entier.

La diversité si multiple du mérite des différents vignobles rend très difficiles, non-seulement pour les acheteurs étrangers, mais encore pour les négociants du pays, l'appréciation de leur valeur relative.

tive, surtout lorsqu'il sont nouveaux, moment, au reste, où les transactions ont leur plus grande importance. Pour parer à cette difficulté, il a été établi des courtiers dans chaque arrondissement qui ne s'entremettent qu'entre les produits de leur ressort.

Les vins de la Gironde tirent leurs qualités de la nature du terrain où sont plantées les vignes : *Graves*, *Côtes*, *Palus* et *Entre-deux-Mers*.

Les *Graves* s'étendent le long de la rive gauche de la rivière et entourent Bordeaux au sud-est, sud, ouest et nord-ouest. C'est à cette dernière exposition que se trouve le Médoc, qui possède les trois grands crus : CHATEAU-MARGAUX, CHATEAU-LAFFITTE, CHATEAU-LATOUR ; CHATEAU-HAUT-BRION est au sud-est de cette ville. Ce dernier, un peu plus sec que les précédents, est le seul désigné dans le commerce comme vin rouge de *Graves*, qui forme le quatrième grand cru de Bordeaux.

Deuxième cru : BRANNES-MOUTON, COS-D'ESTOURNEL, DUREFORT, GRUAND-LAROZE, LASCOMBES, LÉOVILLE, MOUTON, PICHON DE LONGUEVILLE et RAUZAN.

Troisième cru : DESMIRAIL, DUBIGNON, DUCRU, DULUC, FRUITIER, GANET, GISCOURS, LAGRANGE, BARTON, LANOIR, MONTROSE, POUGET et MALESCOT.

Quatrième cru : DELAGE, BEKKER, BEYCHEVELLE, CALON-LESTAPIS, CARNET, CASTÉJA, DUBIGNON, DULUC aîné, FERRIÈRE, LAFON-ROCHET, LA LAGUNE, LESPARRE-DUROC, MACDANIEL, PAGÈS, PALMER et SAINT-PIERRE.

Cinquième cru : BATALLEY, BEDOUT, BOURRAN,

PONTET-CANET, CANTEMERLE, CHAULLET, CONS-
TANT, COS-LABORY, COUTANCEAU, CROIZET,
DUCASSE, GRAND-PUY, JURINE, LIBÉRAL, LI-
VERSAN, LYNCH, LA MISSION, MOUTON-D'AR-
MAILHAC, CASTÉJA, POPP et SÉGUINEAU.

Bons Bourgeois : MARQUIS D'ALIGRE, LE
BOSCQ, MORIN, LANESSAN, MERMAN, LE PA-
VEIL, PÉDESCLEAUX, TROUQUOY-LALANDE.

Tous ces vins sont produits par les communes de
MARGAUX, PAUILLAC, PESSAC, CANTENAC,
SAINT-ESTÈPHE, SAINT-JULIEN, SAINT-LAMBERT,
LABARDE, SAINT-LAURENT, LUDON, MACAU,
SAINT-SAUVEUR, SOUSSANS, CUSSAC, SAINT-
SEURIN-DE-CADOURNE, CISSAC et VERTEUIL.

Une quantité importante d'excellents vins, désignés sous les noms de *Bourgeois ordinaires,*
Paysans des Paroisses supérieures et *Paysans,*
doit être comptée dans les vins de ces territoires.

Les vins des communes du bas Médoc, SAINT-
GERMAIN, SAINT-CHRISTOLY, VALEYRAC, SAINT-
TRÉLODY, JAU, LESPARRE, POTENSAC, BLA-
GNAN, SAINT-YSAN, ORDONAC, BÉGADAN,
GAILLAN, CIVRAC, QUEYRAC et SAINT-VIVIEN
produisent des vins plus légers, qui se conservent
moins longtemps, mais qui ont à divers degrés
beaucoup de délicatesse, un bouquet très suave, et
s'améliorent beaucoup en bouteille.

BLANQUEFORT, LUDON, LE TAILLAN, LE PIAN,
PAREMPUYRE, ARSAC, MACAU, TALENCE, MÉRI-
GNAC et LÉOGNAN, dans les Graves, autour de Bordeaux, fournissent des vins très estimés, plus
corsés et supérieurs à ceux du bas Médoc.

Les Côtes. — SAINT-ÉMILION, CANON et FRON-
SAC, arrondissement de Libourne, produisent des
vins de très bonne qualité et qui sont susceptibles
d'une longue conservation, moins fins que ceux du
Médoc, même ceux dits *paysans*, ils sont plus
corsés et plus spiritueux, et ont un bouquet particulier. On expédie, sous le nom de Saint-Émilion,
beaucoup de vins qui viennent de communes voi-
sines ; mais Saint-Émilion, Canon et Fronsac sont
les seuls qui méritent leur réputation.

On vend, sous le nom de vins de *côte*, tous ceux
que produit la chaîne de coteaux qui borde la rive
droite de la Garonne et ceux qui sont récoltés sur
la côte qui commence à Fronsac jusqu'à Blaye, sur
la rive droite de la Dordogne.

BOURG récolte sur son territoire des vins dont
quelques-uns ont toutes les qualités des vins fins.
Les vins de BLAYE sont plus colorés, mais moins
fins et moins spiritueux.

Les vins du Bourgeais, d'après M. Franck, se di-
visent en quatre classes. La première contient
5 crus : VICOMTE DU BARRY, PEYCHAUD, MAR-
SAUD, DE CHATENIER, au château de FALFAX, et
SUNDER, au château DU ROUSSEL ; la deuxième
possède 45 à 50 crus ; la troisième 100 à 110 crus ;
la quatrième comprend les meilleurs vignobles, qui
n'entrent pas dans les trois autres classes. Les communes citées sont : BOURG, CAMILLAC, LA LI-
BARDE, BAYON, GAURIAC, VILLENEUVE, SA-
MONAC, SAINT-SEURIN-DE-BOURG, COMPS et
SAINT-CIERS-DE-GANESSE. Les autres communes ne produisent que des vins inférieurs et

quelques vins blancs qu'on convertit en eau-de-vie.

L'importance de la récolte de ce canton est de 140 à 150,000 hectolitres.

Les coteaux qui bordent la Garonne fournissent de fort bons vins ordinaires, d'une belle couleur et beaucoup de corps ; ils sont recherchés pour les expéditions du Nord et la cargaison. On cite ceux de BASSEINS et de CENON comme les meilleurs. CAMBLANES produit des vins plus durs et plus colorés ; ceux de QUINSAC sont un peu inférieurs. FLOIRAC, BOUILLAC et LATRESNE produisent des vins moins bons et qui ont un léger goût de terroir.

Les cantons de SAINTE-FOY et de CASTILLON donnent des vins d'ordinaire de bonne qualité, qui prennent aussi la dénomination de vins de côte. Le commerce de Bordeaux expédie sous ce nom presque tous les vins ordinaires sous diverses marques qui sont à destination de la clientèle bourgeoise.

Palus. — On désigne sous ce nom les terrains d'alluvion qui bordent les deux rivières. Ces rivages produisent des vins rouges très estimés. Les produits sont divisés en cinq catégories :

1° QUEYRIES, situé en face de Bordeaux et sur la rive opposée de la Garonne. Les vins que ces palus produisent sont riches, généreux, colorés et longs à se faire ; ils ont un délicieux bouquet de framboise. Parvenus à leur degré de maturité, ils peuvent lutter avec avantage avec les deuxièmes crus de France. On les place à la suite des vins classés. Ils sont précieux pour relever les vins usés du Médoc, avec lesquels ils ont plus d'analogie

que les vins de l'Ermitage, du Roussillon ou de
Cahors, qu'on emploie généralement; mais il en
faut une plus grande quantité, parce qu'ils sont
moins chauds.

La première palus *Queyries* produit trois catégories de qualités, dont la première fournit 1,300 hectolitres, la deuxième 2,000, et la troisième aussi
2,000 hectolitres.

2° MONTFERRAND et BASSEINS. Ces vins sont
très corsés et très colorés, mais moins fins que les
précédents; ils sont très fermes et s'améliorent
beaucoup en mer.

3° AMBÈS, BOUILLAC, CAMBLANES, QUINSAC,
LES VALENTOUS, SAINT-GERVAIS, BACALAN.

4° SAINT-LOUBÈS, SAINTE-EULALIE, LA-
TRESNE, MACAU, BAUTIRAN et IZON.

Ces derniers sont plus tôt faits, moins forts que
les précédents; ils ont un peu le goût de terroir.
On y trouve néanmoins quelques très bons choix.

5° SAINT-GERVAIS, CUBZAC, SAINT-ROMAIN,
ASQUE et L'ILE-SAINT-GEORGES.

Ces vins sont assez colorés, mais ils sont communs et durs et ont un goût de terroir assez prononcé.

Les territoires du CARBON-BLANC, D'AMBARÈS
et de LA GRAVE, qui ne sont ni côte ni palus, produisent des vins d'excellente qualité.

L'Entre-deux-Mers est la partie comprise entre
les deux rivières, les palus et les coteaux qui les
bordent, sur le territoire des cantons de BRANNE,
PUJOLS, PELLEGRUE, SAUVETERRE, CADILLAC et
CRÉON. Cette contrée produit peu de vins rouges.

Saint-Macaire et *la Benauge* donnent des vins rouges très ordinaires ou communs en assez grande quantité.

Vins blancs. — Ce département produit, sur les deux rives de la Garonne, des vins blancs dont le mérite et la variété rivalisent avec les vins rouges.

Les communes de SAUTERNES, BOMMES, PREIGNAC et BARSAC fournissent des vins très supérieurs, qui se distinguent par beaucoup de corps, de moelleux, de finesse, de spiritueux, et par une séve remarquable. Les parties élevées de ces communes donnent les meilleurs. On les distingue en faisant précéder leur nom de *haut* ou de *bas*, selon leur provenance. Les vins de Barsac ont plus de séve et de corps, mais sont un peu moins fins que les trois autres.

Un peu au-dessous des précédents, on peut citer les crus du CHATEAU DE CARBONNIEUX, à Villenave-d'Ornon, qui se distinguent par une séve particulière et un bouquet qui a quelque analogie avec ceux des bons vins du Rhin. Tout aussi délicats, mais moins capiteux et liquoreux que Sauternes et ses voisins, ils obtiennent tout autant d'estime. Le cru DARISTE, à BLANQUEFORT, donne des vins d'un égal mérite.

En seconde ligne, BARSAC fournit les produits de plusieurs vignobles ; CÉRONS et PODENSAC leurs premiers choix. TOULÈNE, SAINT-PEY, PUJOLS, SAINTE-CROIX-DU-MONT, LOUPIAC, LÉOGNAN et MARTILLAC offrent leurs meilleurs vins à cette catégorie.

Les troisièmes qualités sont fournies par les com-

mhunes de VIRELADE, ARBANATS, BUDOS, LAN-
DIRAS, ILLATS, LANGOIRAN et CADILLAC.

Dans le quatrième ordre de qualité, on peut citer
comme peu inférieurs les *bonnes côtes* de BAU-
RECH, TABANAC, PAILLET, RIONS, BEGUEY,
LARROQUE, PORTETS, CASTRES, SAINT-SELVE,
BEAUTIRAN, SAINT-MÉDARD, AYRANS, LA BRÈDE
et CAMBES.

L'Entre-deux-Mers fournit une grande quantité
de vins blancs, dont quelques choix peuvent figurer
avec avantage parmi les quatrièmes qualités; mais
la plupart, avec ceux de CUBZAC, BOURG, FRON-
SAC, ceux du *bas Médoc*, BLAYE, SAINTE-FOY et
CASTILLON, sont employés aux coupages ou convertis en eaux-de-vie.

HÉRAULT, *bas Languedoc* (1re classe, D. de C.).

Population : 409,391 habitants. 125,000 hectares
de vignes, divisés en 76,000 propriétaires, produisent 2,300,000 hectolitres de vin, dont 250,000 hectolitres sont consommés par les habitants, une partie est convertie en eaux-de-vie; le surplus est livré
au commerce, qui s'y fait, dans les deux produits,
sur une immense échelle.

Les crus les plus estimés sont : SAINT-GEORGES-
D'ORGUES, qui donne, dans ses meilleurs choix,
des vins corsés, spiritueux, d'un goût franc et
agréable. VÉRARGUES et SAINT-CHRISTOL produisent des vins plus colorés, plus fermes, mais moins
spiritueux que les précédents. SAINT-DREZERY,

SAINT-GENIEZ et CASTRIES sont plus vifs, mais ont moins de corps et de couleur.

GARRIGUES, DRÉOLS, VILLEVEYRAC, BOUZIGUES, FRONTIGNAN et LUNEL fournissent, dans quelques vignobles, un bon vin dit de *montagne* qui a une belle couleur, du corps, du spiritueux et un goût bon et franc.

LOUPIAN, MÈZE, PÉZÉNAS, AGDE, BÉZIERS et plusieurs autres territoires, fournissent, dans les choix, des qualités qui approchent des précédents.

Le territoire de LODÈVE et plusieurs autres non cités ci-dessus, ne fournissent que des petits vins bons pour coupages, et de plus mauvaise qualité encore, qui ont un fort goût de terroir et qui ne sont bons que pour la chaudière.

SAUVIAN possède le cru DESPAGNAC, qui a quelque analogie avec le vin de Collioure. On y prépare aussi un vin dit de *Grenache* qui n'est pas sans mérite.

FRONTIGNAN produit des vins muscats qui rivalisent avec ceux de RIVESALTES. Ils ont une douceur agréable, beaucoup de corps, un goût de fruit très prononcé et un parfum des plus suaves; ils gagnent en vieillissant et supportent très bien le transport sur mer.

LUNEL produit aussi d'excellents vins muscats, plus fins, mais avec moins de corps et de bouquet que le frontignan. Ils se conservent moins longtemps aussi.

MARSEILLAN et POMMEROLS fournissent le *picardan*, vin liquoreux sans être doux, qui a beaucoup de séve et de spiritueux. MARAUSSAN fournit

des vins muscats inférieurs à Frontignan. Les MUS-
CATELLES de CAZOULS-LÈS-BÉZIERS, BASSAN,
MONTBAZIN et quelques autres vignobles viennent
après les précédents.

Les vins muscats de qualité inférieure servent à
imiter les vins de Malaga, Alicante et Rota d'Espagne. Le picardan est employé pour imiter le
madère ou le xérès. Le moût de cette espèce de
raisin, traité au moyen des vapeurs sulfureuses et
alcoolisé, donne le vin *muet* ou *muté*, qui sert à
relever les vins qui manquent de force ou de douceur. On le désigne sous le nom de vin de *Calabre*.

Les vins blancs du pays sont généralement communs de goût; quelques-uns sont très corsés. Les
meilleurs choix de *picpoul* ont bon goût et sont
employés, avec les vins muscats de médiocre qualité, à préparer le *vermout*, dont il s'expédie des
quantités considérables. Les blancs dits *terrets-
bourrets* sont très communs.

Le commerce se fait dans tous les vignobles et sur
les places de Pézénas, Béziers et Montpellier pour
les alcools, et sur celle de Cette pour les vins. Des
marchés au 3/6 y donnent les cours offerts.

ILLE-ET-VILAINE, *Bretagne*
(4ᵉ classe, D. de C.).

Population : 584,930 habitants. 145 hectares
de vignes, divisés en 630 propriétaires, produisent
4,000 hectolitres de vin blanc de médiocre qualité.
On y récolte aussi 750,000 hectolitres de cidre.
Les moins mauvais sont produits par le territoire

de REDON ; ils sont légers, assez agréables, et ont de la ressemblance avec ceux de Nantes.

INDRE, *Berri* (2ᵉ classe, D. de C.).

Population : 270,054 habitants. 18,000 hectares de vignes, possédés par 20,000 propriétaires, produisent 325,000 hectolitres de vin dont les habitants consomment 150,000 hectolitres.

Les territoires de VALENÇAY, VIC-LA-MOUS-TIÈRE, LATOUR-DU-BREUIL, CONCRÉMIERS et SAINT-HILAIRE produisent des vins qui sont assez bons de goût, mais communs de qualité, et dépourvus de corps.

CHABRIS et REUILLY fournissent des vins blancs qui sont d'assez bon goût Le surplus des vins de ces pays est commun et sans qualité.

INDRE-ET-LOIRE, *Touraine* (2ᵉ classe, D. de C.).

Population : 323,572 habitants. 37,657 hectares de vignes, partagés entre 19,000 propriétaires, donnent environ 700,000 hectolitres, dont 300,000 sont consommés par les habitants ; une partie importante du surplus est convertie en excellente eau-de-vie, et le reste est livré au commerce.

Les vins les plus estimés sont ceux de JOUÉ, près de Tours ; ils sont désignés sous le nom de NOBLES JOUÉ. Ils sont corsés, spiritueux, d'un goût très agréable, très francs et de belle couleur.

Le territoire de CHINON fournit des vins ordinaires de bonne qualité, parmi lesquels celui du CLOS SAINT-NICOLAS DE BOURGUEIL se distingue par sa belle couleur foncée, par son bon goût et un agréable parfum de framboise. Ce vin est très corsé, spiritueux et de bonne garde.

En seconde ligne, on cite CHISSEAUX, CIVRAY, BLÉRÉ, ATHÉE, AZAY, CHENONCEAUX, EPEIGNÉ, FRANCUEIL, SAINT-AVERTIN, LUYNES, LANGEAIS et quelques autres vignobles qui ont plus ou moins les meilleures qualités des vins dits *du Cher*.

Le territoire d'AMBOISE fournit beaucoup de vins dont quelques-uns sont moins colorés, moins corsés, mais plus agréables que les précédents, et en plus grande partie, des vins vers, communs et peu spiritueux qui conviennent assez dans les mélanges.

Sauf les vins du territoire de Chinon qui se vendent sous son nom, les autres sont connus sous la désignation de vins *du Cher*.

Ce département produit, sur le territoire de VOUVRAY, des vins blancs connus sous ce nom, dont les premiers choix sont très bons. Doux la première année, ils deviennent moelleux, d'un goût agréable, mais sont très capiteux. On cite, après ces derniers, ceux de ROCHECORBON, VERRION, MONT-LOUIS, SAINT-GEORGES, NAZELLE, LUSSAULT, CHARNAY, LANGEAIS et quelques autres du canton de Vouvray qui se vendent aussi sous ce nom.

C'est dans le canton de RICHELIEU que l'on distille la plus grantité d'eau-de-vie.

ISÈRE, *Dauphiné* (2ᵉ classe, D. de C.).

Population : 577,748 habitants. 11,000 hectares de vignes, divisés en 15,000 propriétaires, produisent 370,000 hectolitres de vin qui sont consommés presque en totalité dans le pays ; une petite partie s'expédie à Lyon, et le surplus est exporté pour la Suisse et l'Allemagne.

Les territoires de VIENNE, REVENTIN et SEYS-SUEL donnent des vins spiritueux, corsés et pourvus d'un bouquet de violette qui les rend agréables.

La vallée de GRÉSIVAUDAN possède des vignobles importants ; les communes de JARRIE-HAUTE, de LAMBIN et de LA TERRASSE fournissent les meilleurs.

La COTE-SAINT-ANDRÉ fournit des vins blancs légers, pétillants et d'un goût agréable. On fabrique au bourg, des liqueurs qui ont de la réputation sous le nom d'*Eau-de-la-Côte.*

C'est à Grenoble qu'on fabrique le fameux *Ratafia.*

JURA, *Franche-Comté* (3e classe, D. de C.).

Population : 298,053 habitants. 17,000 hectares de vignes, possédés par 26,000 propriétaires, produisent 550,000 hectolitres de vin, dont 200,000 sont consommés par les habitants ; le surplus est livré au commerce, pour la Suisse principalement.

Le canton d'ARBOIS fournit, dans la commune des *Arsures,* les meilleurs vins de ce pays ; ils ont de la finesse, sont peu colorés, vifs, très spiritueux, et pourvus d'un léger bouquet de framboise.

Les territoires de POLIGNY et d'ARBOIS récoltent des vins qui ont, à peu de différence près, les qualités des précédents ; ceux de VOITEUR, MÉNETRU. BLANDANS, VADANS, SAINT-LOTHAIN et plusieurs autres produisent des vins de bonne qualité.

Les vins blancs de CHATEAU-CHALON, près LONS-LE-SAULNIER, sont moëlleux, spiritueux, d'un bouquet agréable et très prononcé. Lorsqu'ils ont acquis toutes leurs qualités, ils peuvent rivaliser avec les plus renommés.

Les vins ordinaires rouges sont secs, presque piquants; ils sont d'un mauvais emploi dans les mélanges avec ceux des autres pays, avec lesquels ils ne se marient pas.

LANDES, *Gascogne* (1re classe, D. de C.).

Population : 300,839 habitants. 20,000 hectares de vignes, partagés entre 11,800 propriétaires, produisent 365,000 hectolitres de vin, dont 175,000 suffisent aux habitants, le surplus est livré au commerce ou converti en eaux-de-vie qui se vendent sous le nom d'eaux-de-vie d'Armagnac.

CAP-BRETON, MESSANGES, SOUSTONS et VIEUX-BOUCAU récoltent, sur leur territoire, quelques vins d'assez bonne qualité qui ont du velouté, bonne couleur, de la légèreté et un bouquet agréable.

Le pays produit des vins blancs ordinaires, dont quelques-uns des contrées de TURSAN, LA HAUTE-CHALOSSE, ont de la qualité. Ces vins sont employés à couper ceux de *Madiran*, ou à faire des eaux-de-vie, dont le commerce se fait à Mont-de-Marsan.

LOIR-ET-CHER, *Beauce* (2e classe, D. de C.).

Population : 269,029 habitants. 23,000 hectares de vignes, appartenant à 22,000 propriétaires, produisent 900,000 hectolitres de vins, dont 250,000 hectolitres sont consommés dans le pays, le surplus est livré au commerce.

Le territoire de BLOIS produit des vins noi.s qui ont pour unique qualité de communiquer leur couleur à des vins clairets ou blancs dans une proportion au moins quadruple de leur volume. Bien qu'ils soient peu spiritueux, ils se conservent bien et peuvent rétablir ceux qui ont un commencement d'altération. Les plus foncés en couleur sont récoltés dans les vignobles de JARDAY, VILLESECRON, FRANCILLON et VILLEBAROU. Blois récolte aussi des vins rouges et des vins blancs qui, dans les choix, donnent de bons vins ordinaires. On cite ceux de la COTE DES GROUETS, sur la rive droite de la Loire.

Depuis MONTRICHARD jusqu'à SAINT-AIGNAN, sur le Cher, on récolte des vins, dits *du Cher*, qui ont une belle couleur, sont corsés, spiritueux et de bon goût. Les meilleurs sont récoltés à THÉSÉE et à MONTHOU-SUR-CHER. Après ces derniers, on cite BOURRÉ, MONTRICHARD, CHISSAY, etc., sur la rive droite; MAREUIL, POUILLÉ, ANGÉ, FAVEROLLES, SAINT-GEORGES et LUSILLÉ, sur la rive gauche du Cher. Le CLOS DE CHANJOLEY, à MEUSNES, est renommé comme supérieur à ceux de ce dernier territoire.

ONZAIN et tous les vignobles de la côte qui s'étend jusqu'à Amboise, ainsi que la contrée qui se dirige vers Beaugency, produisent des vins d'une assez belle couleur, moins spiritueux que les précédents, mais d'un goût plus agréable.

Les vins blancs de SAINT-DIÉ et ceux de la SOLOGNE présentent des choix de bon goût et qui sont estimés. Les vins blancs qu'on convertit en eau-de-vie, dans les années abondantes, fournissent un produit de bonne qualité.

LOIRE, *Forez et Beaujolais* (3e classe, D. de C.).

Population : 517,603 habitants. 13,560 hectares de vignes, possédés par 20,000 propriétaires, produisent 140,000 hectolitres de vin, dont 120,000 sont consommés dans le pays, le surplus est livré au commerce.

LUPÉ, CHUYNES, CHAVENAY, SAINT-MICHEL, SAINT-ÉTIENNE et BOEN produisent les meilleurs. Ils ont une belle couleur, du corps, beaucoup de spiritueux et un bouquet léger mais agréable.

RENAISON, SAINT-ANDRÉ-D'APCHON, SAINT-HAON et quelques autres vignobles du territoire de ROANNE, parmi lesquels on place CHARLIEU, fournissent des vins plus communs que les précédents, et qui se vendent sous le nom de vins de *Renaison*.

Le CHATEAU-GRILLET fournit un vin blanc vif, très spiritueux et d'un goût fort agréable.

LOIRE (HAUTE-), *Velay et basse Auvergne*
(3e classe, D. de C.).

Population : 305,521 habitants. 5,190 hectares de vignes, divisés entre 10,600 propriétaires, rendent 90,000 hectolitres de vin qui, sauf quelques exceptions sont de qualité médiocre et ne suffisent pas à la consommation des habitants.

LOIRE-INFÉRIEURE, *Bretagne*
(2ᵉ classe, D. de C.).

Population : 580,207 habitants. 35,000 hectares de vignes, divisés entre 30,000 propriétaires, fournissent 1,500,000 hectolitres de vin, dont 300,000 sont consommés dans le pays, le surplus est converti en eaux-de-vie ou expédié pour couper avec les gros vins du Midi ou encore pour fabriquer du vinaigre.

Le MUSCADET, du nom du raisin qui le produit, est le plus abondant, le gros plan *Pineau* en fournit de supérieur en qualité.

VARADES, MONTRELAIS, LA CHAPELLE, VALET et quelques autres du territoire de Nantes fournissent des vins blancs qui ont du corps, spiritueux, agréables et qui supportent bien le transport.

LOIRET, *Orléanais* et *Berri* (2ᵉ classe).

Population: 352,757 habitants. 36,500 hectares de vignes, possédés par 31,100 propriétaires, produisent 1,240,000 hectolitres de vin, dont 260,000 sont consommés dans le pays, le surplus est livré au commerce sous le nom générique de vins d'Orléans. Ils sont légers de couleur, peu spiritueux, mais ils ont la propriété de conserver longtemps et de profiter de la qualité que leur donnent des vins plus généreux qu'on y ajoute.

GUIGNE, SAINT-JEAN-DE-BRAY, SAINT-DENIS-EN-VAL, LACHAPELLE, MEUNG, BEAUGENCY,

BAUGE, SANDILLON et quelques autres fournissent des vins précoces et de bon goût.

MONTARGIS et PITHIVIERS fournissent beaucoup de vins petits et plus ou moins communs connus, dans le commerce, sous le nom de vins du *Gatinais*.

MARIGNY et REBRECHIEN produisent des vins blancs qui ont bon goût et conservent leur blancheur. La plus grande partie des vins blancs communs est converti en vinaigres dont Orléans a la réputation.

LOT, *Quercy* (1re classe, D. de C.).

Population : 295,542 habitants. 44,500 hectares de vignes, divisés entre 34,000 propriétaires, produisent 445,000 hectolitres de vin, dont 200,000 hectolitres sont consommés dans le pays, le surplus est livré au commerce moins une petite portion qu'on convertit en eau-de-vie.

On fait des vins noirs dans le pays en faisant bouillir le moût ou en faisant griller le raisin au four, les parties aqueuses étant en moindre volume la fermentation est plus active, ce qui contribue à dissoudre plus efficacement les parties colorantes. Cette préparation, la nature du raisin et du sol procurent à ce vin une teinte très foncée qui le rend propre à relever les vins faibles de couleur; il y a de ces vins qui peuvent fournir jusqu'à six teintes d'un vin de bonne couleur ordinaire. Ils sont spiritueux et de bon goût, et supportent bien le transport.

On récolte aussi dans ce pays des vins de couleur

ordinaire et des vins rosés, selon que le cépage blanc est plus ou moins abondant.

Le cru le plus renommé est celui dit GRAND-CONSTANT.

Les meilleurs vins noirs sont produits sur les territoires de SAVAGNAC, MEL-LA-GARDE, SAINT-HENRI, PARNAC, SAINT-VINCENT, LA PISTOLE, CARNY, LUSECH et PRAYSSAC, arrondissement de Cahors.

Les bons vins de CAHORS ont la propriété de se conserver de longues années et de gagner en qualité même pendant un siècle. Bordeaux en fait un commerce considérable pour améliorer ses petits vins.

LOT-ET-GARONNE, *Agenais* et *Guyenne*
(1re classe, D. de C.)

Population : 332,065 habitants. 71,000 hectares de vignes, possédés par 58,500 propriétaires, produisent 900,000 hectolitres de vin, dont 325,000 sont consommés par les habitants.

THÉZAC, PÉRICARD, MONFLANQUIN, BUZET, CASTELMORON, LA CHAPELLE, LAROCALE et quelques autres cantons produisent des vins d'ordinaires de bonne qualité et qui s'améliorent beaucoup en vieillissant. Presque tous les vins de ce département qui appartiennent à des bourgeois sont propres à faire de bons vins ordinaires.

CLAIRAC récolte des vins blancs doux, fins, ayant un très joli bouquet et qui sont assez estimés.

LOZÈRE, *Languedoc et Gévaudan*
(3ᵉ classe, D. de C.).

Population : 137,367 habitants. 2,000 hectares de vignes, divisés entre 2,400 propriétaires, produisent 45,000 hectolitres de vin de la plus médiocre qualité qui ne suffisent pas à la consommation des habitants.

MAINE-ET-LOIRE, *Anjou* (2ᵉ classe, D. de C.).

Population : 526,012 habitants. 31,800 hectares de vignes, possédés par 43,000 propriétaires, fournissent 540,000 hectolitres de vins, dont 120,000 hectolitres et 40,000 hectolitres de cidre sont consommés par les habitants ; le surplus est converti en eau-de-vie, en vinaigre, ou livré au commerce.

CHAMPIGNY, DAMPIERRE, VARRAINS, CHASSÉ, SAINT-CYR-EN-BOURG, sur le territoire de SAUMUR, donnent des vins corsés, bonne couleur, très capiteux ; ils ont de la finesse, un goût agréable et un peu de bouquet ; ils supportent bien la mer. Plusieurs autres vignobles produisent aussi des vins assez bons, mais inférieurs aux précédents.

Ce pays produit en quantité des vins blancs, dont quelques-uns, dans les premiers choix, peuvent être rangés dans les vins fins ; des vins mousseux, qui peuvent aller de pair avec les dernières qualités de la Champagne, et enfin la plus considérable partie est employée dans les mélanges, auxquels ils communiquent un bon goût ; ils donnent de la légèreté aux vins communs, colorés et lourds.

Le principal commerce des vins, eaux-de-vie et vinaigres se fait à Angers, et principalement à Saumur.

MANCHE, *Normandie* (4e classe, D. de C.).

Population : 591,424 habitants. Ce département ne cultive pas la vigne ; on y récolte 850,000 hectolitres de cidre.

MARNE, *Champagne* (2e classe).

Population : 385,498 habitants. 19,500 hectares de vignes, partagés entre 27,000 propriétaires, produisent 800,000 hectolitres de vin dont 260,000 hectolitres sont consommés dans le pays.

La vigne est cultivée dans tout le département ; mais c'est dans les arrondissements de REIMS et d'ÉPERNAY que sont situés les coteaux qui produisent les vins de Champagne célèbres dans tout l'univers.

Vins rouges. — Ceux du territoire de Reims participent des qualités des vins des grands crus de la haute Bourgogne quant à la couleur et au bouquet ; et des vins de Champagne pour la légèreté. Les principaux sont récoltés sur les coteaux dits de la *montagne de Reims ;* ils sont fins, spiritueux, ont de la sève, une belle couleur et un bouquet très délicat. Ils sont plus précoces que les grands vins des autres pays, car on peut les mettre en bouteille à la seconde année. Ils se conservent de huit à dix ans. VERZY, VERZENAY, MAILLY, SAINT-BASLE, BOUZY et le CLOS SAINT-THIERRY produisent des vins qui peuvent être mis au second rang des grands vins de France. SILLERY, LUDES, RILLY en produisent qui peuvent presque rivaliser avec ces derniers.

Les territoires de SAINT-THIERRY, IRIGNY, CHENAY, VILLEFRANQUEUX et quelques autres produisent d'excellents vins fins, mais inférieurs aux précédents. Tous ces cantons donnent de très bons vins, dont les qualités sont diverses, mais méritent, malgré leur infériorité relative, de figurer parmi les grands ordinaires.

Plusieurs communes des environs de CHALONS et VITRY-SUR-MARNE fournissent des vins ordinaires petits et communs.

Vins blancs. — Le prix élevé des vins mousseux de Champagne tient autant aux frais considérables que leur fabrication nécessite qu'à leur qualité remarquable. La casse des bouteilles, les pertes de liquide par le dégorgement sont les principales pertes qui grèvent ces vins.

Les vins de première qualité sont faits avec des raisins noirs et des raisins blancs dans diverses proportions. Les premiers donnent la force et le corps, et les seconds la finesse et les propriétés mousseuses. C'est avec ce mélange qu'on prépare les grands mousseux. On fait encore avec les raisins rouges, soigneusement mondés des grains verts ou altérés, des vins peu mousseux, dits *crémants*, qui ont beaucoup de spiritueux et de sève. On prépare également, avec des raisins blancs seulement, des vins mousseux, dont quelques-uns ont autant de qualités que ceux provenant du mélange des noirs et des blancs.

La fabrication des vins mousseux est soumise à une foule de vicissitudes dont les causes restent souvent inconnues. On met ces vins en bouteille de mars à mai qui suivent la récolte. La fermentation commence en juin et dure tout l'été. L'époque la plus critique est celle où la vigne entre dans ses phases de floraison et de maturation. Les temps d'orages exercent aussi une influence très considérable. Il est dangereux, dans ces moments, de traverser les caves, à cause des éclats de verre qui partent de toutes parts. La fermentation s'arrête à l'hiver et ne reprend, mais faiblement, que l'année suivante.

Le dégorgement se fait chaque fois qu'il se forme des dépôts. La limpidité et la transparence sont une des qualités essentielles de ce vin.

Les vins de Champagne, sont, à bon droit, préférés à tous ceux de même genre qu'on prépare dans les autres vignobles; cela tient à ce qu'ils possèdent à un degré plus complet toutes les propriétés qui caractérisent ce genre de vin.

On compte un grand nombre de qualités de vins de Champagne. Le plus justement estimé est celui de SILLERY, qui se distingue par sa couleur ambrée; corsé, spiritueux, il a un bouquet suave qui lui est particulier, sec et tonique; il laisse la bouche fraîche, et on peut en boire une certaine quantité sans en être incommodé; c'est surtout frappé de glace qu'il développe toutes ses belles propriétés.

Le territoire d'EPERNAY fournit des vins doux, délicats, parfumés, fins, et plus légers que ceux de

Sillery. Les principaux vignobles sont à Ay, Ma-
reuil-sur-Ay et Dizy.

Les vignobles de Cramant, Le Méril et Avize
produisent principalement des vins blancs qui ont
de la finesse, de la légèreté et de l'agrément. C'est
parmi ces derniers qu'on trouve les vins dits *tisane*,
que les médecins recommandent dans les maladies
de la vessie. On ne les met en bouteille qu'un an
après la récolte.

Les vignobles d'Ay et de Sillery fournissent
aussi des vins dits *tisane*, qui ont plus de corps et
sont plus recherchés que les précédents. On les boit
frappé de glace comme le grand vin de Sillery.

Ce département produit encore une très importante quantité de vins blancs, qui sont expédiés pour
être mêlés avec des vins d'autres vignobles destinés
à être champagnisés.

Les principales caves, creusées dans le roc à
10 ou 12 mètres de profondeur, sont à Reims,
Épernay et Avize.

MARNE (HAUTE-), *Champagne*
(2e classe, D. de C.).

Population : 254,413 habitants. 15,000 hectares
de vignes, possédés par 34,315 propriétaires, produisent 650,000 hectolitres de vin, dont 300,000 hectolitres sont consommés dans le pays ; le surplus est
livré au commerce.

Les territoires d'Aubigny et Montsaugeon
produisent des vins légers de couleur, très délicats
et d'un agréable bouquet.

D'autres cantons récoltent des vins d'assez bonne qualité; mais le plus grand nombre produit des petits vins communs et faibles.

MAYENNE, *Maine* et *Anjou* (4e classe, D. de C.).

Population : 375,163 habitants. 780 hectares de vignes, divisés entre 1,250 propriétaires, produisent 8,500 hectolitres de vin de mauvaise qualité. Il s'y récolte encore 300,000 hectolitres de cidre. Le tout est consommé dans le pays.

MEURTHE, *Lorraine* (2e classe, D. de C.).

Population : 428,643 habitants. 16,000 hectares de vignes, possédés par 35,150 propriétaires, produisent 840,000 hectolitres de vin, dont 500.000 sont consommés dans le pays.

La territoire de TOUL fournit les plus estimés ; ils sont assez délicats, de couleur convenable et de bon goût. Ceux des arrondissements de LUNÉVILLE et de NANCY, sauf quelques exceptions, sont faibles, colorés, froids et troubles.

MEUSE, *Lorraine* (2e classe, D. de C.).

Population : 305,540 habitants. 12,750 hectares de vignes, partagés entre 30,200 propriétaires, produisent 500,000 hectolitres de vin, dont 300,000 sont consommés dans le pays ; le surplus est livré au commerce.

BAR-LE-DUC et BUSSY-LA-COTE récoltent des vins légers, délicats et agréables. Les vignobles d'APREMONT, LIOUVILLE, BUXIÈRES et quelques autres de l'arrondissement de COMMERCY donnent des vins qui ont bon goût et qui supportent assez bien le transport.

MORBIHAN, *Bretagne* (3ᵉ classe, D. de C.).

Population : 486,504 habitants. Ce département produit environ 1,000 hectolitres de vin de très médiocre qualité et 700,000 hectolitres de cidre, boisson ordinaire des habitants.

MOSELLE, *Lorraine* (2ᵉ classe, D. de C.).

Population : 446,457 habitants. 5,300 hectares de vignes, divisés entre 15,000 propriétaires, produisent 260,000 hectolitres de vin, qui sont en très grande partie consommés par les habitants.

Le territoire de METZ, sur la rive gauche de la Moselle, renferme les principaux vignobles. Ses vins ont une belle couleur et assez bon goût. Les vins blancs sont légers, agréables, mais ne se conservent pas longtemps.

NIÈVRE, *Nivernais* (2ᵉ classe, D. de C.).

Population : 332,814 habitants. 9,800 hectares de vignes, possédés par 24,000 propriétaires, produisent 280,000 hectolitres de vin, dont 180,000 sont consommés par les habitants ; le surplus est livré au commerce des départements voisins.

POUILLY-SUR-LOIRE produit des vins blancs qui ont du corps, un léger parfum de pierre à fusil et un goût fort agréable ; ils conservent assez longtemps leur douceur et leur blancheur. On estime surtout ceux de LA PRÉE, LOSSERIE et des NUES. Les autres vignobles expédient à Paris leurs vins blancs inférieurs sous le nom de *Pouilly*.

NORD, *Hainaut* et *Flandre* (4e classe, D. de C.).

Population : 1,303,380 habitants. Ce département ne produit ni vin ni cidre. On y fabrique 1,800,000 hectolitres de bière pour la consommation des habitants. Il s'y fait un grand commerce des meilleurs vins des différents vignobles français.

OISE, *Ile-de-France* et *Picardie*
(3e classe, D. de C.).

Population : 401,417 habitants. 2,530 hectares de vignes, divisés entre 30,000 propriétaires, fournissent 75,000 hectolitres de vin qui, avec 725,000 hectolitres de cidre qu'on récolte et 6,000 hectolitres de bière qu'on fabrique, sont consommés dans le pays.

Le territoire de CLERMONT produit les moins mauvais. Ceux des autres arrondissements sont âpres, froids et sans qualité.

ORNE, *Normandie* (4e classe, D. de C.).

Population : 423,350 habitants. Ce département ne produit pas de vin. On y récolte 750,000 hectolitres de cidre de très bonne qualité.

PAS-DE-CALAIS, *Artois et Picardie*
(4e classe, D. de C.).

Population 724,338 habitants. Ce département ne cultive pas la vigne; il produit 40,000 hectolitres de cidre environ, et on y fabrique 360,000 hectolitres de bière et 12,000 hectolitres d'eaux-de-vie de grains ou de pomme de terre.

PUY-DE-DOME, *Auvergne et Velay*
(2e classe, D. de C.).

Population : 576,409 habitants. 24,600 hectares de vignes, divisés entre 52,000 propriétaires, fournissent 400,000 hectolitres de vin, dont la moitié à peu près est consommée dans le pays, une autre partie est convertie en eau-de-vie, et le surplus est livré au commerce, qui les recherche pour leur précocité et la propriété qu'ils ont de faire bon emploi dans les mélanges.

Le vignoble de CHAUTURGE produit un vin léger, délicat et d'un très agréable goût ; il acquiert de la finesse et du parfum en bouteille, mais il ne supporte pas le transport.

Le territoire de CHATELDON possède des vins légers de couleur, dits *vins gris*, qui sont délicats et très spiritueux. Celui de RIS en produit d'un peu moins bons, mais plus colorés.

Les autres vignobles fournissent des vins dont quelques choix ont du mérite, mais la plupart sont dépourvus de spiritueux.

Le territoire de CLERMONT offre quelques bons

vins blancs qui ne sont dépourvus ni d'agrément ni de qualité. Corent fournit quelques vins blancs qni moussent et conservent un goût liquoreux qui les rend très agréables; mais cette qualité dure peu.

Les vins de ce pays, connus à Paris sous le nom de *vins d'Auvergne*, sont recherchés pour les mélanges, auxquels ils donnent de la fermeté.

PYRÉNÉES (BASSES-), *Béarn* et *Navarre*
(1re classe, D. de C.).

Population : 436,628 habitants. 23,200 hectares de vignes, partagés entre 26,700 propriétaires, produisent 380,000 hectolitres de vin, dont 100,000 sont consommés dans le pays.

Le territoire de Pau produit l'excellent vin dit de Jurançon et de Gan. Ses vins rouges et vins paillets jouissent d'une grande réputation, et sont dignes de figurer au second rang des grands vins de France. Ils sont moelleux, d'une belle couleur, beaucoup de corps, de séve et ont un bon bouquet.

La plupart des communes de ce département fournissent des vins d'excellente qualité, dont quelques-uns peuvent rivaliser avec les précédents, mais il y a beaucoup de choix à faire.

Ces communes produisent quelques vins blancs de bonne qualité, qui se distinguent par un goût et un parfum qui ont quelque analogie avec ceux de la truffe et qui gagnent en vieillissant. Les autres vins sont plus ou moins inférieurs; mais, en général, ce pays peut être considéré comme donnant de bons vins.

PYRÉNÉES (HAUTES-), *Gascogne* et *Bigorre*
(1re classe, D. de C.).

Population : 240,179 habitants. 15,300 hectares de vignes, possédés par 23,900 propriétaires, produisent 370,000 hectolitres de vin, dont 170,000 hectolitres sont consommés par les habitants.

Le territoire de TARBES possède, à MADIRAN, des vins très colorés, corsés et spiritueux, mais âpres et pâteux. Ils ont besoin de vieillir de cinq à huit ans pour avoir un goût agréable ; ils sont généralement plus employés à relever la couleur ou la faiblesse des petits vins que consommés en nature. Les vins des autres communes, qui produisent des qualités ordinaires, se vendent sous le nom de *vin de Madiran,* auquel ils ressemblent comme genre, sauf plus ou moins de qualité relativement.

Le même territoire récolte des vins blancs qui acquièrent de la qualité en vieillissant et un goût de pierre à fusil ; mais la plus grande partie est dépourvue de qualité.

PYRÉNÉES-ORIENTALES, *Roussillon*
(1re classe, D. de C.).

Population : 181,763 habitants. 39,530 hectares de vignes, partagés entre 26,800 propriétaires, produisent 360,000 hectolitres de vin, dont 180,000 sont consommés dans le pays, une partie est convertie en eau-de-vie très estimée, et le surplus est livré au commerce de tous les pays, qui les recherche pour les services nombreux que ces magnifiques vins peuvent rendre.

Banyuls-sur-Mer produit les meilleurs vins rouges du Roussillon. Ils ont une couleur riche et très foncée, pleins de spiritueux et de corps, moelleux, veloutés et de fort bon goût ; très vieux, ils prennent une couleur d'or, on les désigne alors sous le nom de *Rancio*. Ce genre de vin est très tonique et peut lutter de mérite avec les plus réputés du globe. Cosperon, Collioure et Port-Vendres en récoltent dont la qualité approche beaucoup des précédents.

Espira-de-l'Agly, Rivesaltes, Salces, Baixas, Pesilla et Villeneuve-de-la-Rivière fournissent des vins qui ont une très belle couleur, beaucoup de corps et de spiritueux, et un bon goût. Ils s'expédient pour toute la France, Paris particulièrement, et, pour l'exportation, en Suisse, en Allemagne et dans le nord de l'Europe.

Torremila, Terrats et Esparron, au nord de Perpignan, récoltent des vins plus légers, qui ont de la finesse, un arome fort agréable, et sont d'excellents vins de table.

L'arrondissement de Prades ne produit guère que des vins de qualité inférieure. La plupart des vins de ce pays, lorsqu'ils sont jeunes, ne conviennent pas pour boire seuls ; ils ont un goût de douceur, sont trop colorés, lourds et pâteux. Ils conviennent surtout pour donner de la couleur, du corps et du spiritueux aux vins qui en sont dépourvus ; ils sont vins de mélange par excellence.

Le Roussillon produit des vins blancs en grande

quantité, et des vins de liqueur surtout. RIVESALTES récolte un vin muscat qui n'a pas son égal en France : il a de la finesse, du feu, un excellent parfum qui laisse la bouche fraîche et embaumée. BANYULS, COSPERON et COLLIOURE préparent un vin de *Grenache* qui ressemble au vin de *Chypre*. SALCES fournit un vin blanc moins liquoreux que celui de Rivesaltes, on le désigne, dans le pays, sous le nom de *Macabéo*, il a quelque analogie avec le vin de *Tokay*, de Hongrie.

RHIN (BAS-), *Alsace* (3e classe, D. de C.).

Population : 577,574 habitants. 13,100 hectares de vignes, divisés entre 39,200 propriétaires produisent 550,0000 hectolitres de vin, dont 200,000 sont consommés par les habitants. On y fabrique plus de 100,000 hectolitres de bière fort estimée, et connue sous le nom de *Bière de Strasbourg*.

Ce département récolte peu de vins rouges. On cite ceux de WOLXHEIM et de NEUWILLER comme étant les meilleurs.

MOLSHEIM et WOLXHEIM, situés sur le territoire de Strasbourg, fournissent des vins blancs qui ont un excellent goût, de la sève, un bouquet très agréable et assez de corps. Ces vins se conservent plus longtemps que ceux des autres parties du pays qui offrent plusieurs choix d'assez bonne qualité, mais qui ne durent pas.

On récolte ou on prépare à HEILIGENSTEIN et quelques autres cantons un vin muscat agréable mais moins bons que ceux du midi de la France.

RHIN (HAUT-), *Alsace* (3e classe).

Population : 515,802 habitants. 12,600 hectares de vignes, divisés entre 36,300 propriétaires, rendent 650,000 hectolitres de vin, dont 230,000 sont consommés dans le pays, le surplus est livré au commerce.

Le territoire de COLMAR produit quelques vins rouges de bonne qualité, qui ont quelque ressemblance avec les bons ordinaires de Bourgogne et qui se conservent bien. RIQUEWIHR, RIBEAUVILLÉ et quelques autres vignobles produisent les meilleurs.

Les vins blancs ont plus de réputation : ils sont secs, corsés, spiritueux, ont une bonne séve, un gout de noisette et un bouquet aromatique très agréable. GUEBWILLER, TURCKHEIM, RIQUEWHIR, RIBEAUVILLÉ, THANN et quelques autres cantons sont ceux qui donnent les plus estimés. Riquewhir et Ribeauvillé fournissent des vins dits *Gentils*, qui sont excellents et très réputés. On prépare à Colmar et dans quelques autres cantons un vin dit *de paille* qui, en bonne année, acquiert des qualités remarquables qui le font ressembler au vin de *Tokay*, et lui assignent une place parmi les meilleurs vins de liqueurs de France.

RHONE *Lyonnais* (3e classe).

Population : 662,493 habitants. 30,500 hectares de vignes, partagés entre 29,200 propriétaires, fournissent 700,000 hectolitres de vin, dont 200,000 environ sont consommés par les habitants. La ville de Lyon fabrique une très importante quantité d'excellente bière.

Les vins de tous les vignobles qui bordent le Rhône sont, en général, corsés, spiritueux, de bon gout, solides, et supportent très-bien la mer. Le territoire d'AMPUIS, produit les *côte Rôtie brune* et *côte Rôtie blonde* dont les vins renommés ont du corps, du spiritueux, de la finesse, de la séve et un bouquet très agréable. Celui de VÉRINAY, produit des vins de même nature qui sont vendus sous le nom de *Côte-Rôtie*, mais ont un peu moins de qualité.

Les vignobles de SAINTE-FOY, LES BAROLLES, et MILLERY donnent des vins agréables plus légers et moins estimés que les précédents. Les vins communs de ce pays sont grossiers, acerbes et d'un gout de terroir désagréable.

CONDRIEU donne de fort bons vins blancs qui sont spiritueux, ont beaucoup de séve et un bouquet très suave, et durent longtemps.

L'arrondissement de VILLEFRANCHE fournit beaucoup de vins rouges connus sous le nom de Beaujolais ou Mâconnais. CHÉNAS, JULLIÉNAS, FLEURY, LANCIÉ, ODENAS, SAINT-LAGER, MORGON, SAINT-ETIENNE, JULLIÉ et quelques autres fournissent des vins plus ou moins corsés, ayant beaucoup de bouquet mais dépourvus de finesse.

Plusieurs communes des territoires de BAUJEU et BELLEVILLE-SUR-SAONE donnent beaucoup de bons vins ordinaires qui présentent un grand nombre de choix.

SAONE (HAUTE-), *Franche-Comté*
(3ᵉ classe, D. de C.).

Population : 317,183 habitants. 13,850 hectares de vignes, divisés entre 26,200 propriétaires, produisent 400,000 hectolitres de vin, dont 250,000 sont consommés par les habitants. Ce département distille le vin de cerise dont les principales fabriques de CLAIRE-GOUTTE et de FOUGEROLLES donnent 4,000 hectolitres de *Kirschwaser*.

Les principaux vignobles sont ceux de RAY, GY et CHARIEZ ; leurs vins sont délicats, se conservent longtemps et acquièrent quelque bouquet en vieillissant. La plupart des autres territoires ne fournissent que des vins sans mérite, sauf quelques rares vignobles.

SAONE-ET-LOIRE,
Mâconnais et *haute Bourgogne* (3ᵉ classe, D. de C.).

Population : 582,137 habitants. 38,900 hectares de vignes, divisés entre 47,200 propriétaires, produisent 1,000,000 d'hectolitres de vin, dont 260,000 sont consommés dans le pays. Le surplus est livré au commerce qui l'expédie dans le nord de la France et en Allemagne.

Les vins de ce département sont, avec ceux de l'arrondissement de Villefranche (Rhône), généralement connus sous le nom de vins du *Mâconnais* et du *Beaujolais*. Ce sont des vins ordinaires par excellence, vifs, plus ou moins colorés et spiritueux mais toujours de bon goût, d'un bouquet prononcé mais dépourvu de suavité et de finesse ; il en faut excepter ceux du territoire de ROMANÈCHE qui fournit les meilleurs vins. Les crus de MOULIN-A-VENT en première ligne. Les premiers des THORINS suivent de près ; ces vins ont de la finesse, du spiritueux, de la délicatesse et un joli bouquet.

Il faudrait un volume pour énumérer tous les vignobles de ce riche et productif pays. Tout le département, à part l'arrondissement d'AUTUN qui, sauf quelques exceptions, ne donne que des vins communs qui ne se conservent pas, produit, avec l'arrondissement de Villefranche, une très grande quantité de bons vins d'ordinaire.

POUILLY récolte des vins blancs très-estimés, moelleux, fins, corsés, très-spiritueux, mais un peu fumeux. FUISSÉ, SOLUTRÉ, VERGISSON et plusieurs autres localités, fournissent des vins blancs qui participent, bien qu'inférieurs à divers degrés, des qualités de celui de Pouilly.

SARTHE, *Maine* et *Anjou* (3ᵉ classe, D. de C.).

Population : 466,155 habitants. 10,500 hectares de vignes, divisés entre 16,500 propriétaires, produisent 150,000 hectolitres de vin, il s'y récolte encore 230,000 hectolitres de cidre. Presque tout le produit est consommé dans le pays.

L'arrondissement de LA FLÈCHE possède quelques vignobles qui, en bonne année, fournissent des vins de bonne qualité.

MAREUIL et quelques vignobles de l'arrondissement de SAINT-CALAIS produisent d'assez bons vins blancs, le surplus est commun et d'un gout de terroir désagréable.

SAVOIE.

Population : 275,039 habitants.

SAVOIE (HAUTE-).

Population : 267,496 habitants.

La statistique de ces deux départements n'étant pas encore publiée, on ne peut examiner ce pays qu'en l'état de viticulture où il se trouvait avant l'an.... 'is dans son ensemble.

Environ 12,000 hectares de vignes, divisés entre un très grand nombre de propriétaires, produisent environ 250,000 hectolitres de vin dont la plus considérable partie, d'assez médiocre qualité, est consommée dans le pays. Le peu de soins qu'on y apporte dans le choix des cépages et dans la préparation du vin, ne contribue pas peu à entretenir cette fâcheuse infériorité.

Le territoire de CHAMBÉRY possède à MONTMÉLIAN des vignobles bien exposés qui fournissent des vins de belle couleur, du corps, spiritueux, un bouquet agréable et se conservent assez bien. SAINT-JEAN-DE-LA-PORTE en donne qui sont un peu plus légers et SAINT-JEAN-DE-MAURIENNE récolte des vins qui ont quelque analogie, quoique moins bons, avec les vins de Santenay (Côte-d'Or).

Le coteau d'ALTESSE est renommé pour ses vins blancs ; ils sont fins, spiritueux, doux et agréables.

On en cite plusieurs autres dans le pays comme ayant de la qualité bien qu'inférieurs au précédent.

SEINE, *Ile-de-France* (3ᵉ classe, D. de C.).

Population : 1,953,660 habitants. 3,100 hectares de vignes, divisés entre 5,600 propriétaires, produisent 120,000 hectolitres de vin de mauvaise qualité. Paris possède des vastes entrepôts réels et fictifs qui en font le plus vaste marché vinicole de l'univers.

SEINE-INFÉRIEURE, *Normandie* (4ᵉ classe, D. de C.).

Population : 789,988 habitants. Ce département ne cultive pas la vigne, il récolte 165,000 hectolitres de cidre. Rouen et le Havre font néanmoins un commerce très considérable des vins et eaux-de-vie de toute la France et de l'étranger dont ces villes ont de vastes entrepôts.

SEINE-ET-MARNE, *Ile-de-France* et *Brie* (3ᵉ classe, D. de C.).

Population : 352,312 habitants. 13,000 hectares de vignes, partagés entre 27,200 propriétaires, produisent 550,000 hectolitres de vin, dont 250,000 sont consommés par les habitants. Ce département produit, en outre, 25,000 hectolitres de cidre.

FONTAINEBLEAU possède les plus importants vignobles qui donnent des vins assez corsés, colorés et francs de goût, dans les bons choix.

Sauf quelques exceptions, les arrondissements de MELUN et MEAUX, produisent des vins froids, verts, et dépourvus de spiritueux.

SEINE-ET-OISE, *Ile-de-France* (3ᵉ classe, D. de C.).

Population : 513,073 habitants. 13,400 hectares de vignes, possédés par 95,000 propriétaires, produisent 550,000 hectolitres de vin, dont 420,000 sont consommés par les habitants. On y récolte 135,000 hectolitres de cidre, et on y fabrique 10,000 hectolitres de bière.

Les vins de SEPTEUIL ont assez de corps; ceux d'ATHIS sont légers et agréables; ceux de MONTMO-RENCY ont bon goût, quoique communs, et ceux d'ARGENTEUIL, qui en produit beaucoup, sont verts, presque acerbes; ils ont un goût de terroir et une odeur désagréable communiquée par les engrais.

MIGNAUX, près Versailles, fournit des vins blancs légers et agréables.

SÈVRES (DEUX-), *Poitou* (2ᵉ classe, D. de C.).

Population : 328,817 habitants. 20,150 hectares de vignes, divisés entre 8,500 propriétaires, produisent 280,000 hectolitres de vin, dont 160,000 sont consommés dans le pays.

Les vins de ce pays sont généralement dépourvus de mérite; quelques vignobles en récoltent d'assez bonne couleur et de bon goût.

La production la plus considérable consiste en

vins blancs qu'on convertit en eaux-de-vie, et que l'on vend sous le nom d'eau-de-vie de Saintonge.

SOMME, *Picardie* (4ᵉ classe, D. de C.).

Population : 572,646 habitants. Ce département ne cultive pas la vigne, il produit 200,000 hectol. de cidre, et on y fabrique plus de 100,000 hectol. de bière. C'est un des principaux départements pour l'importation des bons vins de France, et on y rencontre, en assez grand nombre, des caves parfaitement montées.

AMIENS fabrique beaucoup d'eaux-de-vie de grains et de l'absinthe.

TARN, *Albigeois* (1ʳᵉ classe, D. de C.).

Population : 253,633 habitants. 30,600 hectares de vignes, partagés entre 39,300 propriétaires, produisent 360,000 hectolitres de vin, dont 200,000 environ sont consommés dans le pays.

L'arrondissement d'ALBI, dans les vignobles de CUNAC, CAISAGUET, SAINT-JUÉRY, SAINT-AMARENS et quelques autres sur les coteaux, fournit des vins de bonne qualité, moelleux, légers, délicats et parfumés. Les vins de celui de GAILLAC sont plus corsés, plus spiritueux et plus colorés, mais moins délicats que les précédents. Ils supportent tous parfaitement le transport par mer qui les améliore beaucoup.

MILHARS, LA GRAVE, RABASTENS et quelques autres communes fournissent des vins du même genre mais inférieurs en qualité.

GAILLAC produit des vins blancs qui ont du

corps, de la douceur, du spiritueux et un goût très agréable; ils supportent aussi bien la mer que les vins rouges.

Le commerce se fait principalement à Alby et à Gaillac.

TARN-ET-GARONNE, *Quercy et Languedoc* (1re classe, D. de C.)

Population : 232,551 habitants. 40,000 hectares de vignes, partagés entre 10,000 propriétaires, produisent 465,000 hectolitres de vin, dont 190,000 sont consommés dans le pays.

L'arrondissement de CASTEL-SARRAZIN, dans les vignobles de FAU, AUVILLAR, SAINT-LOUP, LAVILLEDIEU et quelques autres, fournit les meilleurs vins du département. Ils ont du spiritueux, une belle couleur, un très bon goût et se conservent bien.

L'arrondissement de MOISSAC récolte des vins un peu inférieurs aux précédents, mais quelques bons choix peuvent rivaliser avec eux.

La place de Montauban est le principal centre des affaires en vin.

VAR, *Provence* (1re classe, D. de C.).

Population : 315,526 habitants. 51,000 hectares de vignes, possédés par 55,600 propriétaires, produisent 970,000 hectolitres de vin, dont 320,000 sont consommés par les habitants, une partie est convertie en eau-de-vie, et le surplus livré au commerce.

Le territoire de GRASSE produit, dans les vignobles de LA GAUDE, celui d'ANTIBES, dans ceux de SAINT-LAURENT, CAGNES, SAINT-PAUL et VILLENEUVE, des vins très corsés, colorés et fumeux qui, à l'âge de cinq ou six ans, deviennent de très bon goût.

Le territoire de TOULON, et dans les environs du fort *la Malgue*, récolte des vins rouges très bons, plus légers et très précoces. Ils se conservent bien, et acquièrent beaucoup de qualité. Les vignobles de BANDOLS, LE CATTELLET, SAINT-CYR et LE BEAUSSET donnent des vins très spiritueux, d'une couleur foncée, très droits de goût et d'une longue conservation, supportant bien la mer; ils sont connus dans le commerce sous le nom de vins de *Bandols*. Plusieurs autres vignobles du même territoire fournissent des quantités importantes de vins plus ou moins inférieurs en qualité aux précédents, et qui les remplacent assez souvent. La plupart de ces vins et ceux de même nature des départements voisins sont connus, à Paris surtout, sous la désignation de vins de *Marseille*.

Le commerce se fait au vignoble, à Toulon, et surtout à Marseille.

VAUCLUSE, *Comtat d'Avignon*
(1re classe, D. de C.).

Population : 268,255 habitants. 37,000 hectares de vignes, divisés entre 39,300 propriétaires, produisent 300,000 hectolitres de vin, dont 180,000 sont consommés dans le pays, le surplus est livré au commerce et à l'exportation.

On cite comme les plus estimés ceux des vignobles de CHATEAUNEUF-DU-PAPE; dits le *clos de la Nerthe,* le *clos Saint-Patrice,* et les crus *Bocoup* et *Coteau-Pierreux,* à SORGUES; le *coteau Brulé,* et ceux de SAINT-SAUVEUR. Ces vins sont chauds, fins, délicats, d'un goût agréable et ont un excellent bouquet de vin fin.

Les territoires d'AVIGNON et de CARPENTRAS produisent en assez grandes quantités des choix nombreux de vins de bonne qualité, légers et agréables; les vins de la plaine sont lourds et grossiers.

BEAUME fournit des vins muscats très agréables. MAZAN prépare des vins cuits, dits de *Grenache,* qu'on remonte avec de l'eau-de-vie.

Le commerce se fait au vignoble et sur les places d'Avignon, Carpentras et Orange.

VENDÉE, *Poitou* (2ᵉ classe, D. de C.).

Population : 395,695 habitants. 16,500 hectares de vignes, possédés par 72,400 propriétaires, produisent 265,000 hectolitres de vin de très médiocre qualité qui sont consommés dans le pays.

L'arrondissement de FONTENAY possède quelques vignobles qui produisent des vins rouges et blancs qui ne sont pas dépourvus de qualité et peuvent figurer parmi les bons ordinaires.

VIENNE, *Poitou* (2ᵉ classe, D. de C.).

Population : 322,028 habitants. 28,500 hectares de vignes, divisés entre 53,000 propriétaires, produisent 660,000 hectolitres de vin, dont 240,000 sont consommés dans le pays, une partie est convertie en eau-de-vie de bonne qualité et le surplus livré au commerce.

L'arrondissement de POITIERS possède plusieurs vignobles qui donnent des vins de belle couleur, spiritueux et de bon goût; ils s'améliorent en vieillissant. Celui de CHATELLERAULT est inférieur pour la qualité de ses produits.

Les vins blancs de LOUDUN sont spiritueux et bons; ils ont de la ressemblance avec ceux de la côte de Saumur. Les qualités inférieures servent aux mélanges ou sont convertis en eau-de-vie.

Le commerce se fait sur les places de Poitiers, Châtellerault et Loudun.

VIENNE (HAUTE-), *Limousin*
(3e classe, D. de C.).

Population : 349,595 habitants. 1,640 hectares de vignes produisent 27,000 hectolitres d'un vin plat et sans qualité. Le sol n'est pas favorable à cet arbuste, quelques soins qu'on apporte à sa culculture. Ce département importe des pays voisins 150,000 hectolitres de vin, pour satisfaire aux besoins de ses habitants.

VOSGES, *Lorraine* (3e classe).

Population : 415,485 habitants. 4,250 hectares de vignes, divisés entre 12,700 propriétaires, donnent 150,000 hectolitres de vin d'assez médiocre qualité, sauf quelques vignobles dont la réputation ne s'étend pas au delà de leur arrondissement. Cette quantité ne suffit pas aux habitants qui en importent environ 30,000 hectolitres, et fabriquent 18,000 hectolitres de bière.

YONNE, *basse Bourgogne* (2ᵉ classe).

Population : 370,305 habitants. 37,500 hectares de vignes, possédés par 50,000 propriétaires, produisent 1,000,000 d'hectolitres de vin, dont 270,000 sont consommés dans le pays, et le surplus livré au commerce.

Ce département, dont la culture de la vigne occupe une grande partie de la surface, est l'un des plus importants, sous ce rapport, de la France, tant pour la qualité que pour la quantité de ses produits. L'ordre de mérite des vins de ce pays se range par cuvée et d'après les principaux vignobles que la plantation du cépage, dit *Gamay*, n'a pas envahis.

Vins rouges. — Premières cuvées : DANNE-MOINE possède la côte des *Olivotes*; TONNERRE, les côtes de *Pitoy*, des *Perrières* et des *Grandes-Poches*; AUXERRE, le clos de la *Chaînette* et le coteau de *Migraine*. Les produits de ces vignobles sont très spiritueux, d'une belle couleur, de beaucoup de corps, frais, délicats, de la séve et un excellent bouquet. On leur reproche d'être un peu fumeux; mais cet inconvénient, que tous n'ont pas, disparaît en vieillissant.

Deuxièmes cuvées : la *Grande-Côte* d'AUXERRE

renferme plusieurs vignobles qui produisent des vins un peu moins parfaits que les précédents, mais qui suivent de près. Les crus *Beauvais* et *Pertuis-Batteaux*, à TONNERRE. EPINEUIL fournit des qualités qui peuvent rivaliser avec les premières cuvées, à IRANCY, la côte de la *Palotte*. Les *Craies*, les *Lorraines* et les *Marguerites* à DANNEMOINE. La cuvée dite du *Seigneur*, à COULANGES-LA-VINEUSE qui a beaucoup perdu de son ancien renom par l'introduction des gros plants qui fournissent beaucoup aux dépens de la qualité.

Troisièmes cuvées. Le deuxième choix de la *grande côte* d'AUXERRE, celles de VINCELOTTES, AVALLON, VÉZELAY, GIVRY, la côte *Saint-Jacques*, à JOIGNY.

Quatrièmes cuvées. CHENEY, VAULICHÈRES, TRONCHOY, CRAVANT, SUSSY, VERMANTON, JOIGNY, SAINT-BRIS, ARCY-SUR-CURE, PONTIGNY, VÉSINNES, JUNAY, la côte de *Crèvecœur*, à PARON et quelques autres vignobles.

Plusieurs territoires produisent des vins dont la qualité varie des plus ordinaires aux plus communs et sans qualité.

Vins blancs. — JUNAY, EPINEUIL, CHABLIS, TONNERRE, DANNEMOINE et FLEY fournissent les vins blancs les plus estimés de ce département et qui peuvent rivaliser avec ceux des premières cuvées de Meursault (Côte-d'Or). Ils sont spiritueux, ont du corps, de la finesse, un excellent bouquet, et ils ont la propriété de conserver leur blancheur brillante sans tourner à la couleur ambrée comme presque tous les vins blancs.

Les mêmes territoires fournissent des qualités qui, comme pour les vins rouges, s'établissent dans leur ordre de mérite. Le commerce expédie ces vins sous le nom de vins de *Chablis* quelle que soit, au reste, la cuvée qui les a produits.

Les vins de ce pays ont un caractère général qui ne permet pas au commerçant le plus inexpérimenté de les confondre avec ceux des autres pays aussi bien pour les rouges que pour les blancs.

Le tonneau d'usage est le muid composé de deux feuillettes contenant 136 litres chacune. Le commerce se fait dans les principaux vignobles et sur les places d'Auxerre, Chablis, Tonnerre, Avallon, Joigny, Villeneuve-le-Roy et Sens, par l'entremise des commissionnaires ou des tonneliers.

Algérie.

D'après un document du gouverneur général de cette colonie, la culture de la vigne n'occupait, en 1862, que 6,502 hectares de vignes, dont 3,164 hectares dans la province d'ALGER, 2,633 dans celle d'ORAN, et 706 dans celle de CONSTANTINE. La récolte avait produit, dans ces trois provinces, 43,232 hectolitres de vin et 9,236,456 kilogrammes de raisin.

En 1863, l'étendue cultivée dans toute cette colonie s'est élevée à 35,151 hectares, qui ont produit 70,161 hectolitres de vin et 7,357,611 kilogrammes de raisin, qui se répartissent ainsi : ALGER, 4,158 hectares ont produit 33,282 hectolitres de vin ; ORAN, 3,351 hectares ont donné 29,834 hectolitres, et CONSTANTINE, 27,642 hectares n'ont fourni que 7,345 hectolitres, attendu que la vigne, nouvellement plantée, ne produit pas ou produit peu. C'est principalemennt sur le territoire militaire de SÉTIF que les plantations récentes ont été faites. Les indigènes y ont contribué dans la majeure proportion.

Les plantations de cépages à vin rouge occupent une étendue de 19,044 hectares, et les cépages blancs 16,107. A âge et rendement égaux, les contrées cultivées par les Européens fournissent plus de vin, par le motif que la religion mahométane en défendant l'usage aux indigènes, ils consomment en fruits la plus importante partie de leurs récoltes.

Les vins de l'Algérie sont généralement de bonne qualité; on leur reproche d'avoir une pointe de maturité qui les pousse facilement à un commencement de fermentation acide. Il est probable que ce pays, encore dans l'enfance des procédés de vinification, n'apporte pas tous les soins désirables à la préparation des vins et à la température des celliers où on les garde.

Malgré cet accroissement de produit, les importions des vins de France ne semblent pas devoir diminuer, puisque, d'après le même document, on constate une progression ascendante pour 1864.

VINS ÉTRANGERS

Si les vins des autres contrées ne produisent pas des vins d'un mérite égal à ceux des grands crus de France, il en est plusieurs qui en produisent d'une qualité incontestable et qui doivent être classés, pour leur genre, parmi les grands vins.

ALLEMAGNE.

Le GRAND-DUCHÉ DE BADE produit, sur les bords du Necker, des vins rouges de bonne qualité comme vins fins, grands ordinaires et bons ordinaires.

FÉNERBACH et LAUFEN donnent des vins blancs qui ont toutes les qualités des bons vins du Rhin. Ceux d'EBERBACH se distinguent par leur douceur et un parfum agréable.

HEIDELBERG montre comme une curiosité un immense tonneau, entouré de cercles de cuivre, qui contient 2,192 hectolitres. Chaque année, on remplace par du vin nouveau la quantité qu'on en a retiré. Tous les environs de Bade sont couverts de vignobles qui fournissent une quantité importante de bons vins.

BAVIÈRE.

Le grand-duché de WURTZBOURG produit seul des vins blancs, qui sont connus sous le nom de *vins de Franconie*. Ils sont de fort bonne qualité et ne sont livrés à la consommation que lorsqu'ils ont atteint leur plus haut degré de mérite.

ROTH possède sur son territoire le cru très estimé de TRAMINS. Ce vin est le plus corsé et le plus généreux du Palatinat.

NASSAU (DUCHÉ DE).

Cet État produit des vins rouges en petite quantité, et qu'on dit avoir de l'analogie avec nos grands crus de Bourgogne. On cite, comme le plus estimé, celui d'ASMANHAUSEN. INGELHEIM, dans le duché de HESSE-DARMSTADT, en produit de même qualité.

Les vins blancs du duché de Nassau sont réputés, à bon droit, comme les meilleurs de l'Allemagne. C'est dans cet État qu'on trouve le château de JOHANNISBERG, dont le vin si célèbre appartient au prince de Metternich. La récolte est évaluée à 32,500 bouteilles par an. Ce vin ne se trouve pas, au reste, dans le commerce. Le même vignoble produit des vins un peu moins remarquables, qui sont vendus de 5 à 7 francs la bouteille.

RUDESHEIM possède sur son territoire quelques vignobles dont les vins approchent, comme mérite, du précédent ; ils sont mis en seconde ligne. Ces vins ont du corps, un parfum excellent, et n'ont pas ce piquant qui caractérise la plupart des autres vins de ces pays.

STEINBERG, propriété du duc de Nassau, fournit un excellent vin qui a plus de corps que les vins dits du Rhin, beaucoup de finesse et de parfum ; ils rivalisent presque avec ceux de Johannisberg.

Le GRAFFENBERG fournit moins que Steinberg, mais ses vins sont également estimés.

HOCHEIM produit un excellent vin qui se distingue par un parfum aromatique très prononcé. KIDRICH donne des vins analogues à ceux de Hocheim. Le cru dit MARKOBRUNN est surtout cité. WORMS-SUR-RHIN (Hesse-Darmstadt) possède le cru dit LIEBFRAUENMILCH (*lait de la vierge*), qui se distingue par beaucoup de séve et de corps.

Les vignobles qui précèdent fournissent beaucoup de vins de seconde et de troisième qualité. Tous les vins du Rhin ont pour caractère général un goût piquant, mais fin et délié, qui les rend sains et diurétiques.

PRUSSE.

La WESTPHALIE fournit des vins rouges, légers, qui sont assez agréables. BONN et POMMERN produisent aussi des vins de même couleur, de bonne qualité.

Les vins blancs de BACHARACH, PISPORT et plusieurs contrées donnent des vins dits de *Moselle* qui ont un fort bon goût et un bouquet agréable. Ils sont, en général, moins corsés et plus froids que ceux dits *du Rhin*.

WURTEMBERG.

La vigne est une des principales richesses de ce pays. Les plants ont été tirés des meilleurs vignobles de l'Europe. Le vin qu'ils produisent a une légère couleur, un fort bon goût, de la séve et un bouquet très suave; ce sont d'excellents vins fins. *On les désigne généralement sous la dénomination de vins du Necker.*

AUTRICHE.

Ce vaste pays produit 15,000,000 environ d'hectolitres de vins. Les plus ou moins communs sont consommés par les habitants. Le mont CALENBERG, dans la basse Autriche, fournit des vins très estimés. La HONGRIE exporte pour 2 millions de francs des vins renommés qu'elle produit et qui sont désignés sous le nom de vins de TOKAY.

Les vins récoltés sur la côte de MEZÈS-MALÉ, territoire de TARCZAL, sont réservés pour la cave de l'empereur. TOKAY, MADA, TALLIA, ZOMBOR et plusieurs autres cantons de même mérite fournissent des vins rouges de liqueur qui sont les premiers du monde. Ils se conservent longtemps à tout degré de température. On en trouve qui a cent ans. Le prix en est très élevé de 40 à 95 francs la bouteille. On vend assez ordinairement des vins dits *ausbruch rouges*, fort bons au reste, pour des vins de Tokay.

Un grand nombre de vignobles de la Hongrie

produisent des vins rouges et blancs qui sont d'excellente qualité.

La CROATIE produit également beaucoup de vins très bons. La TRANSYLVANIE fournit des vins moins liquoreux que la Hongrie et qui sont fort agréables. L'ESCLAVONIE et la STYRIE donnent des vins rouges et blancs de bonne qualité, mais qui durent peu. La CARNIOLE produit des vins très estimés en Allemagne. L'ISTRIE fournit de bons vins de liqueur et la liqueur dite *rosolio*, dont on fabrique des quantités considérables à Trieste.

La DALMATIE fournit quelques bons vins et fabrique à Zara la bonne liqueur connue partout sous le nom de *marasquin* ou *maraschino*.

ESPAGNE ET ILES BALÉARES.

L'Espagne produit des vins blancs et des vins de liqueur qui sont fort estimés; mais ses vins rouges ont beaucoup perdu de leur ancienne renommée. Elle fait un commerce considérable de ses raisins secs.

L'ANDALOUSIE. Cette province, la plus riche de l'Espagne, possède les crus les plus renommés de ce royaume.

ROTA récolte les vins de ce nom, qui proviennent du raisin dit *tintilla*. C'est un excellent vin rouge, liquoreux sans être fade; il a beaucoup de chaleur, un excellent goût et un bouquet aromatique très prononcé; c'est un vin très tonique, qui ne prend pas, en vieillissant, ce goût piquant qui caractérise la plupart des vins de liqueur de ce pays.

XÉRÈS DE LA FRONTERA produit sur son territoire des vins très estimés : 1° PAXARÈTE, vin liquoreux et d'un bouquet suave ; 2° le VINO SECO,
d'un bon goût, quoique sec et un peu amer ;
3° l'ABOCADO, qui tient le milieu entre la consistance des deux précédents ; c'est un très bon vin
d'entremets ; 4° un vin de liqueur très fin, très délicat et agréablement parfumé, qu'on nomme MOS-
CATEL..Les meilleurs vins secs de Xérès vont principalement en Angleterre, où on les nomme *Sherry
wine.*

PAXARÈTE produit des vins blancs de liqueur
plus fins que ceux de Xérès. Celui dit PAXARÈTE
est fait avec le raisin dit *Pédro Ximenès ;* tous les
autres portent le nom de vins de Xérès, mais leur
sont inférieurs en qualité. Ces vins ne sont pas avi-
nés et ne subissent aucune préparation.

Tout le territoire de Xérès produit plusieurs
autres variétés de vins de bonne qualité, qu'on désigne sous les noms de MALVOISIE, MOGER, MUS-
CATS, TINTILLA, CARLON, MONTILLA, MANZA-
NILLA et NEGRO RANCIO. Ce dernier a une couleur foncée, est plutôt sec que liquoreux et très
propre aux mélanges.

Le commerce pour ces vins se fait à Rota et à
Cadix.

Les ASTURIES, la CATALOGNE, l'ESTRAMA-
DURE, la GALICE, MURCIE et LÉON produisent des
vins plus ou moins communs, consommés dans le
pays.

La NOUVELLE et la VIEILLE-CASTILLE fournissent des vins rouges et blancs de bonne qualité ;

ceux des environs de VALDEPENAS (*Nouvelle-Cas-tille*) sont les meilleurs; ils ont quelque analogie avec nos bons vins de Bourgogne. On cite en seconde ligne ceux de MANZANARÈS et d'ALBACÈTE.

Le royaume de GRENADE possède des vignobles très étendus et dont plusieurs produisent d'excellents vins. C'est dans les montagnes qui entourent MALAGA qu'on récolte les vins connus dans le commerce sous le nom de *Malaga*. Le plus estimé est celui qui vient du raisin nommé *Pédro Ximenès*. En seconde ligne, on cite les vins dits de *couleur*. Très liquoreux d'abord, ils ont une teinte d'ambre très foncée; mais, en vieillissant, ils perdent leur liqueur et acquièrent de la finesse, du corps et un parfum aromatique très agréable et très prononcé. Ces vins durent plus de cent ans, alors même qu'ils ne sont l'objet d'aucun soin. On exporte annuellement 90,000 hectolitres de ces vins pour toutes les parties du monde. Le commerce des raisins secs dits de *Malaga* est considérable. La mesure est l'arrobe, qui contient 15 litres. Les expéditions se font par le port de Malaga.

Le royaume de VALENCE cultive la vigne sur une vaste étendue. On évalue à 350,000 hectolitres de vin et à 3,000,000 de kilogrammes de raisins secs la récolte de ce riche territoire.

C'est à ALICANTE qu'on récolte le vin rouge célèbre dit *tinto*, que l'on recherche pour ses propriétés toniques. Son goût bien que très agréable, et son parfum très prononcé quoique très suave, sont empreints d'une odeur un peu pharmaceutique qui le font peu rechercher comme vin de table; il est plutôt employé pour relever les forces dans les faiblesses de l'estomac.

Les territoires de BENICARLO et de VINAROZ produisent en quantité des vins rouges très colorés et très corsés; ils sont plutôt employés à relever les vins faibles qu'à être consommés en nature.

Le commerce se fait à VALENCE, ALICANTE, BENICARLO et dans les principaux vignobles. Les expéditions sont faites par le port d'Alicante.

Les ILES BALÉARES fournissent une importante quantité de bons vins rouges, blancs et de liqueur. L'île MAJORQUE produit, près de PALMA, un très bon vin rouge sur les vignobles de BENESALEM, et un vin blanc très estimé qu'on compare au sauterne bien qu'il n'en ait pas toutes les qualités et qu'on nomme *albaflor*, et un bon vin de liqueur dit *malvoisie*. L'île MINORQUE produit beaucoup de vins qui n'ont pas, bien que très bons, autant de qualité que ceux de Majorque et qui ne supportent pas le transport hors de l'île. L'île IVICA produit des vins en abondance et de qualités diverses.

PORTUGAL.

Les principaux vignobles de ce royaume sont situés dans le HAUT DOURO et sur le territoire de BEIRA. Les vins qui en proviennent sont fins, légers, agréables et très corsés; ils ont beaucoup de couleur et de force, et sont peu ou très colorés suivant les crus.

Les plus renommés sont désignés généralement sous le nom de *Porto*, qui en est l'entrepôt général.

Les vins destinés à l'exportation subissent des mélanges et une addition assez importante d'eau-de-vie. On les garde ordinairement deux ou trois ans en magasin avant de les expédier.

GRÈCE ET ILES IONIENNES.

La MORÉE produit les meilleurs vins rouges et blancs non liquoreux de ce royaume. Le commerce des raisins secs dit de Corinthe y est très important. Les vins de liqueurs, qui sont d'une grande qualité, sont désignés sous le nom générique de *malvoisie*. L'île de SANTORIN fournit le *vino santo* que les Russes estiment à l'égal du vin de Chypre. CORFOU récolte des vins légers et délicats, des quantités importantes de raisins secs et une bonne liqueur nommée *rosolio*. ITHAQUE produit des vins qui ont de l'analogie avec ceux de l'Ermitage et des côtes du Rhône. La Grèce produit beaucoup de vins de diverses qualités; mais dont le caractère ne varie pas très sensiblement.

MOLDO-VALACHIE
(*Principautés Danubiennes*).

Ces principautés produisent beaucoup de vins de bonne qualité parmi lesquels on distingue le vin dit de COTNAR; il est d'une couleur verte qui devient plus foncée en vieillissant; il a presque la force de l'eau-de-vie ordinaire sans être capiteux. On l'estime à l'égal du vin de Tokay et certains amateurs le préfèrent même.

TURQUIE.

Le territoire de ce vaste empire, qui s'étend dans les trois parties du monde, récolte des vins qui ont le caractère général des bons vins, mais particulièrement et en plus grand nombre des vins de liqueurs.

Parmi les principaux on cite : les vins rouges d'ARINSE et de MESTA dans l'*île de Scio*, VALONE et LOUCOVO en *Albanie*, CHATISTA en *Macédoine*, KISSAMOS dans l'*île de Candie*, AMODOS dans l'*île de Chypre*. En seconde ligne on cite plusieurs crus des îles de CANDIE, RHODES, SAMOS, TÉNÉDOS et CHYPRE.

Les meilleurs vins blancs sont : le vin de *la loi* dans l'île de Candie, le *nectar de Mesta* dans l'île de Samos et le *vin d'or* du MONT LIBAN en Syrie.

Les principaux vins de liqueurs sont : la *malvoisie de la Canée* dans l'île de Candie, et, au premier rang, le vin de *la Commanderie* dans l'île de Chypre et les *muscats blancs* des îles de Samos, Ténédos et Chypre.

Ces contrées produisent une quantité considérable de vins de mêmes sortes, mais plus ou moins inférieurs en qualité.

PERSE.

La Perse produit beaucoup de vins excellents et parmi lesquels on trouve le célèbre vin de SCHI-RAZ, le plus renommé de tous. Peu foncé en couleur, il a du corps, beaucoup de spiritueux, de la sève, un parfum aromatique très prononcé qui laisse la bouche fraîche ; sa saveur domine celle des mets que l'on mange ; il cause une sensation de bien-être quand on l'a bu, et, quoique très chaud, il ne porte pas à la tête.

SCHIRAZ produit aussi des vins blancs d'une douceur agréable qui ont le parfum du madère. Cette dernière propriété se trouve aussi dans les bons vins de la vallée de CACHEMIRE.

L'ASIE renferme un grand nombre de royaumes et d'empires qui produisent de fort bons vins, mais qui ne semblent pas égaler ceux de la Perse en qualité.

CAP-DE-BONNE-ESPÉRANCE (*Afrique*).

Un petit vignoble qui se divise en deux clos, produit au CAP-DE-BONNE-ESPÉRANCE, l'un des meilleurs vins de liqueur du monde. C'est le vin rouge et blanc de CONSTANCE. L'importance de la récolte de ces deux clos ne dépasse pas, dans les bonnes années, 900 hectolitres, et leur produit est toujours retenu d'avance ; les habitants du Cap ne peuvent même pas s'en procurer. On récolte des vins muscats dans les autres vignobles auxquels on fait subir certaine préparation et qu'on expédie sous le nom de vins de *Constance*. On récolte encore d'excellents vins qui ont nom *vins du Rhin du Cap, Rota du Cap.*

L'importance totale de la récolte est évaluée à 200,000 hectolitres.

SUISSE.

Presque tous les cantons de la Suisse cultivent la vigne et quelques-uns en produisent de bonne qualité. Ce pays fabrique la meilleure eau-de-vie de cerise (*kirsch-waser*). L'absinthe de Neuchâtel est aussi renommée.

Les principaux vins sont les rouges de FAVERGE et CORTAILLOD en première ligne. Ceux de BOUDRY et SAINT-AUBIN viennent à la suite, tous dans le canton de NEUCHATEL. FRIBOURG, SAINT-GALL, ZURICH, ARGOVIE, GENÈVE, TESSIN et VALAIS offrent de nombreux choix dont quelques-uns sont de bonne qualité. LUCERNE fait un important commerce d'une liqueur dite *vin de fruits*.

Les vins blancs de CULLY et de la côte de DÉ-SALÈS, canton de VAUD, sont de bonne qualité, bon gout, du parfum et se conservent bien.

ITALIE.

Ce royaume cultive la vigne presque sur toute sa surface; elle y vient si admirablement que les propriétaires jugent inutile de lui donner des soins. Aussi, si ce magnifique pays produit des vins de liqueur de premier ordre, ses vins de table sont dépourvues des qualités que ceux de France possèdent si généralement.

Les vignobles de CANELLI et CHAMBAVE, dans le Piémont, donnent des vins muscats dits de *mal-voisie* très estimés pour leur bon goût, leur délicatesse et leur excellent parfum.

L'île de SARDAIGNE récolte en abondance des vins colorés et communs et des vins de liqueur analogues à la seconde et troisième qualité de ceux d'Espagne.

PARME produit des vins en quantité mais qui sont dépourvus de mérite. Ses vins de liqueur, qui sont fins et délicats, ont un goût de miel qui plaît peu aux étrangers.

La TOSCANE produit des vins qui ont plus de qualité que les précédents, mais dont le mérite ne dépasse pas les grands ordinaires; peu sont des vins fins; on y prépare en quantités importantes de fort bons vins de liqueur, dont le plus renommé est l'*aléatico*, qui a quelque ressemblance avec celui d'Alicante.

L'île d'ELBE produit de bons vins rouges, parmi lesquels on cite ceux de PORTO-LONGONE, dits de *Monte-Serrato*. Cette île prépare deux vins artificiels : 1° le vermuth, pour lequel on emploie les meilleurs vins blancs et dans lequel on fait macérer diverses plantes aromatiques; il a du corps, un parfum agréable et beaucoup d'amertume; 2° l'*aléatico*, dont on a fait évaporer les parties aqueuses du moût et auquel on ajoute du rhum ou autre spiritueux, suivant le procédé de chaque préparateur.

NAPLES fournit, sur son territoire, les meilleurs vins de l'Italie; les crus les plus renommés sont, en première ligne : 1° *Lacryma-Christi*, dont on ne trouve pas dans le commerce; il a une belle couleur rouge, un goût exquis et un parfum des plus suaves; 2° le vin *muscat ambré*, fin, délicat et très parfumé, 3° une espèce de malvoisie, dite *vin grec*, de grande qualité. Ces trois espèces de vins proviennent des vignes plantées sur les flancs du mont Vésuve, dans la partie voisine de la mer.

Le territoire de CAPOUE produit des vins qui ont les qualités des précédentes à un moindre degré et qui se vendent sous leur nom. A la suite viennent se ranger les muscats de la CALABRE CITÉRIEURE, OTRANTE, LA BASILICATE, LA POUILLE et la CALABRE ULTÉRIEURE.

LA CAMPANIE d'où les Romains tiraient les vins célèbres de *Falerne* et de *Massique*, n'a plus la réputation d'autrefois; on y prépare un vin blanc qui mousse comme le champagne, mais qui est un peu âpre.

L'ILE DE SICILE récolte des vins rouges de fort bonne qualité. On cite ceux de la SCIARRA, MACCHIA et de SAN GIOVANNI, sur le territoire de MASCOLI. Les vignobles de CATANE fournissent aussi de fort bons vins rouges, ainsi que presque tous les vignobles situés au pied du mont Etna; ce sont les meilleurs vins de la Sicile.

MARSALLA et CASTELVETRANO produisent de fort bons vins qui ont le goût, le nerf, le parfum et la sève des vins de Madère, leur couleur ambrée est plus foncée. On récolte dans l'ile de Sicile, une assez importante quantité de vins qui ont quelques ressemblance avec ceux de Marsalla et qu'on vend sous leur nom.

SYRACUSE fournit un vin célèbre d'une qualité remarquable, rouge peu foncé ou de couleur ambrée, doux sans être fade, très fin avec beaucoup de sève et un parfum exquis.

Les ILES LIPARI produisent un excellent vin muscat dit *Malvoisie*, sa couleur est ambrée; il est généreux; il laisse dans la bouche avec un arrière goût de douceur agréable, son parfum suave.

La LOMBARDIE fournit des vins dont les meilleurs doivent être rangés parmi les vins de liqueur de second ordre.

ÉTATS-ROMAINS.

Le territoire d'ALBANO, donne des vins muscats très liquoreux qui viennent comme qualité après les *Lacryma-Christi*, ces vins sont très salubres; ils facilitent la respiration et se digèrent bien. Celui de MONTEFIASCONE fournit des vins qui participent des qualités du précédent, mais sont très capiteux. ORVIETO, FARNÈZE et VITERBE, produisent de bons vins rouges et muscats qui sont très recherchés.

RUSSIE.

La partie méridionale de cet empire peut être seule considérée comme vignoble. Les meilleurs vins rouges sont ceux de *Koos* en CRIMÉE, *Zimlansk* dans le pays des COSAQUES DU DON, TCHERNIEDALY, les meilleurs de la KAKÉTIE, de TIFLIS et du SCHIRVAN. Ces vins ont de la finesse et de la qualité.

LA CRIMÉE, la CIRCASSIE, la KARTALINIE, l'IMMÉRITIE, la MINGRÉLIE, le DAGESTAN et le SCHIRVAN produisent beaucoup de vins dont la qualité participe des grands ordinaires aux plus

communs. Les vins blancs ont plus de qualité que
les rouges ; ils sont quelquefois d'une limpidité
comparable à celle de l'eau pure, quelques-uns de
la Crimée sont mousseux ; ce dernier gouvernement
produit aussi des vins de liqueur qui ont du mérite.

LE MEXIQUE possède des vignobles assez éten-
dues qui produisent un excellent vin de liqueur. On
cite les territoires de RIO-DEL-NORTE et SAN-LUIS-
DE-LA-PAZ.

LA CALIFORNIE produit depuis quelques années
une certaine quantité de vins. Le territoire de MOU-
TEREY fournit un vin qui a quelque ressemblance
avec celui de Madère.

LE PÉROU fournit le produit de ses nombreux
vignobles, dont on vend plus le raisin séché qu'on
n'en fait du vin.

ILES DE L'OCÉAN ATLANTIQUE.

Les îles dites CANARIES, TÉNÉRIFFE, GOMÈRE,
PALME et FER, produisent en abondance des vins
qui ont le même caractère que ceux de Madère,
mais qui lui sont inférieurs en qualité.

Les ILES AÇORES fournissent des vins de même
nature que les précédentes îles.

L'ILE DE MADÈRE est à 60 lieues des îles Canaries sur la route des navires qui font les voyages
au long cours. Le produit total de ces îles est estimé à 200,000 hectolitres de vins qui sont expédiés
dans toutes les parties du monde.

Les vins de ces diverses îles dont les produits ont

une grande ressemblance entre eux, prennent le rang suivant d'après leurs diverses qualités.

Vins rouges. — Ceux nommés *Tinto*, dans l'île de Madère. Les premiers choix de ce genre de vin dans les autres îles, viennent en seconde ligne.

Vins blancs. — Ceux provenant du cépage dit *Sercial* sont les premiers ; plus secs que nos grands vins blancs de France ; ils n'ont pas le piquant des vins du Rhin ; ils égalent en mérite les premiers grands vins connus. Après eux viennent les deuxièmes choix du même et les premiers de l'île de Ténériffe. Tous les autres produits de Madère et des autres îles se classent, suivant mérite, dans les troisième, quatrième et cinquième qualité.

Le vin de liqueur dit *Malvoisie de Madère* est mis au rang des plus grands vins de cette espèce. Les deuxièmes choix avec les meilleurs de Ténériffe viennent en deuxième ligne. Les vins muscats de Madère et des autres îles prennent le rang de leurs qualités respectives.

Il existe d'autres contrées en Amérique, où la vigne est cultivée, mais la réputation de leurs vins n'est pas très répandue, et plusieurs de ces contrées ne considèrent cet arbuste que pour en consommer le fruit en nature.

7

CLASSIFICATION

L'ordre de mérite dans lequel les auteurs d'ouvrages très estimés ont placé les vins me semble plus savant que facile à appliquer. Le degré d'estime que la commune renommée attache aux divers produits, ainsi que les qualifications adoptées dans la pratique par le commerce et le consommateur, m'ont paru mériter la préférence. Tout le monde sait que les *grands vins* sont ceux qui réunissent au plus haut degré toutes les qualités qui sont propres à cette souveraine des boissons. Les *vins fins* sont réputés être dans les mêmes conditions, mais à un degré inférieur. C'est dans cette catégorie qu'on choisit les vins *d'entremets*, mot qui, dans la pratique, est synonyme de *vin fin*. Les *grands ordinaires* sont ceux qui ne proviennent pas de crus renommés pour leur finesse, mais auxquels l'âge a fait acquérir toutes les qualités qui leur sont particulières. Les *bons ordinaires* se trouvent parmi ceux qui ont de la légèreté, de la force et un bouquet plus prononcé que délicat. Les *ordinaires*, les plus abondants, sont pris parmi tous ceux qui, sans avoir une qualité remarquable, n'ont aucun des défauts des vins *communs, lourds, grossiers et plats*.

On comprend que l'ordre ci-dessus est souvent interverti. La fortune ou le goût du consommateur peuvent lui permettre de boire le vin fin à l'ordinaire ou l'obliger de servir à l'entremets un vin qui n'est considéré que comme ordinaire.

Les vins de liqueur sont presque tous placés dans la catégorie des *vins fins* ou des *grands vins*; ils sont par excellence *vins de dessert*.

Grands vins rouges français.

GIRONDE. — Château-Margaux, Château-Latour, Château-Laffitte et Château-Haut-Brion, qui sont les quatre premiers crus; Lascombe, les deux Rauzan, les trois Léoville, Laroze, de Gorce, Brane-Mouton, Pichon-Longueville, qui sont les deuxièmes crus; les premiers choix des communes de Cantenac, Margaux, Saint-Julien, Saint-Laurent, Saint-Gemme et Saint-Estèphe, qui produisent le troisième cru.

COTE-D'OR. — Romanée-Conti, Chambertin, Richebourg, le Clos-Vougeot, la Romanée-Saint-Vivant, la Tâche, le clos Saint-Georges, Corton et les premières cuvées de Volnay et de Nuits.

YONNE. — Le clos de la Chaînette, le clos de Migraine, le clos des Olivottes et celui de la Falotte.

DROME. — Ermitage, choix de Méal, Gréfieux, Beaume, Roucoule, Muret, Guionnières, les Burges et les Lauds.

MARNE. — Premiers choix de Verzy, Verzenay, Saint-Basle, Bouzy et du clos Saint-Thierry.

BASSES-PYRÉNÉES. — Les meilleurs de Jurançon et de Gan.

VAUCLUSE. — Clos de la Nerthe, Châteauneuf-du-Pape.

PYRÉNÉES-ORIENTALES. — Les premiers choix de Banyuls, Cosperon et Collioure.

LOT. Le Cahors *Grand-Constant*.

Grands vins blancs français.

GIRONDE. — Château-Yquem, Sauternes, Barsac, Bommes, Preignac, Latour-Blanche, Château-Carbonnieux.

COTE-D'OR. — Les trois Montrachet.

LOIRE. — Château-Grillet.

MARNE. — Sillery.

DROME. — Ermitage blanc.

Grands vins rouges étrangers.

DUCHÉ DE NASSAU. — Première qualité d'Asmanhausen.

AUTRICHE. — Mont Calenberg et premiers choix de Hongrie.

ESPAGNE. — Les meilleurs d'Olivenza.

PORTUGAL. — Premiers choix de Porto et de Moncao.

TURQUIE. — Arinse et Mesta.

GRÈCE. — Morée, Ithaque, Zante, Céphalonie.

PERSE. — Schiraz et Ispahan.

ILE DE MADÈRE. — Première qualité dit *tinto*.

Grands vins blancs étrangers.

ALLEMAGNE. — Johannisberg, Rudesheim, Steinberg et Liebfrauenmilch.

BAVIÈRE. — Premiers crus de Wurtzbourg.

ESPAGNE. — Les premiers vins secs de Xérès et Paxarète.

ÎLE DE MADÈRE. — Le vin sec dit *sarcial*.

Vins fins rouges français.

GIRONDE. — Les troisièmes crus de Bordeaux non portés aux grands vins, les quatrièmes et cinquièmes crus, les bourgeois supérieurs, bons bourgeois et paysans de communes portées aux grands vins; les bons choix des communes de Saint-Sauveur, Lamarque, Cussac, Saint-Seurin-de-Cadourne, Blanquefort, Ludon, Macau, Labarde, Arsac, Avensac, Castelnau, Couquèques, Fronsac, Saint-Émilion, Canon, Pomerol, Mérignac, Talence; Léognan, Pessac et Queyries.

COTE-D'OR. — Vosnes, Nuits, deuxième Volnay, Premeaux, Chambolle, Pommard, Beaune, Morcy, Savigny, Meursault, Blagny, Gevrey, Chassagne, Aloxe, Santenay et Chenove.

YONNE. — Les côtes de Pitoy, des Perrières, de Preaux, Epineuil, deuxièmes choix de Tonnerre, Auxerre et de Dannemoine.

SAONE-ET-LOIRE. — Thorins, Chénas, Romanèche et la Chapelle-Guinchay.

DROME. — Deuxièmes crus de l'Ermitage, Crozes, Mercural et Gervaut.

RHONE. — La Côte-Rôtie, Vérinay et Fleury.

MARNE. — Haut-Villiers, Mareuil, Disy, Pierry, Épernay, Taissy, Ludes et Rilly.

AUBE. — Les premiers choix des Riceys, Balnot-sur-Laigne, d'Averny et de Bagneux-la-Fosse.

DORDOGNE. — Premiers crus de Bergerac, Creysse, Ginestet, la Terrasse et Sainte-Foy-des-Vignes.

GARD. — Chusclan, Tavel, Saint-Geniès, Lédenon et Canté-Perdrix.

JURA. — Les premiers crus du territoire d'Arbois.

ARDÈCHE. — Cornas et Saint-Joseph.

VAUCLUSE. — Clos Saint-Patrice, deuxièmes crus de Châteauneuf-du-Pape, Sorgues et Aubagne.

VAR. — La Gaude, Saint-Laurent et la Malgue.

SAVOIE. — Premiers crus de Montmélian, Saint-Jean-de-la-Porte et Mont-Termino.

BASSES-PYRÉNÉES. — Deuxièmes crus de Jurançon et de Gan.

PYRÉNÉES-ORIENTALES. — Port-Vendres, deuxièmes crus de Banyuls, Cosperon et Collioure.

Vins fins blancs français.

GIRONDE. — Les deuxièmes et troisièmes crus de Sauternes, Bommes, Barsac, Préignac, Blanquefort, Villenave-d'Ornon ; premiers crus de Léognan, Langon, Toulène, Saint-Pey, Loupiac, Martillac, Sainte-Croix-du-Mont et Fargues.

MARNE. — Les crus de Cramant, le Ménil, Avize, Épernay et Saint-Martin-d'Ablois.

HAUT-RHIN. — Les vins secs de Guebwiller, Riquewihr, Ribeauvillé, Turkheim, Bergothzell, Rouffach, Pfafenheim, Enguishem, Ingersheim, Hennevoyer, Katzenthal, Ammerschwir, Kaiserberg, Kientzheim, Sigolsheim et Babeheim.

BAS-RHIN. — Molsheim et Wolxheim.

COTE-D'OR. — Meursault, dans les cuvées de Perrière, Combette, la Goutte-d'Or, le Genevrière et les Charmes.

JURA. — Château-Châlon, Arbois et Pupillin.

RHONE. — Condrieu.

LOT-ET-GARONNE. — Clairac et Buzet.

YONNE. — Les premières cuvées de Chablis.

SAONE-ET-LOIRE. — Pouilly, Fuissé, premiers choix.

SAVOIE. — Le coteau d'Altesse.

ARDÈCHE. — Saint-Peray et Saint-Jean.

BASSES-PYRÉNÉES. — Jurançon, Gan, Larronin, Gélos et Mazères.

DORDOGNE. — Bergerac, Sainte-Foy-des-Vignes, Saint-Nexant.

Vins fins étrangers rouges.

ALLEMAGNE. — Les duchés de *Nassau*, du *bas Rhin*, la Bavière et le Wurtemberg fournissent à cette catégorie les deuxièmes et troisièmes choix de leurs vins rouges.

AUTRICHE. — Deuxièmes et troisièmes choix de

Hongrie, premiers choix de la *Moravie,* du *Tyrol,*
de la *Carniole,* de l'*Illyrie* et de la *Dalmatie.*

SUISSE. — Ceux de Faverge et de Cortaillod en
premier choix.

ITALIE. — Carmignano, Monte-Serrato, Albano,
Orvieto, Terni, Bari, Reggio, Mascoli et Paro.

ESPAGNE. — Premiers choix de Valdepenas.

PORTUGAL. — Les vins fins de Beira et de Torrès-
Védras.

RUSSIE. — Les bons choix de Koos, de Zimlansk, Tcheniedaly, Mokosange, de Tiflis et de Cha-
makhi.

TURQUIE. — Loucovo, Valone, Chastita, Kissamos, Amodos, Kersoan et du Liban.

PRINCIPAUTÉS-DANUBIENNES. — Les premiers
choix des environs de Cotnar.

GRÈCE. — Corfou, Sainte-Maure, Lépante, Chéronée, Mégare, Polioguna et de Cérigo.

PERSE. — Ceux de Kasbin et d'Yesed.

CAP-DE-BONNE-ESPÉRANCE. — Les meilleurs
vins rouges secs de cette catégorie.

Vins fins étrangers blancs.

ALLEMAGNE. — Les deuxièmes et troisièmes
choix de ceux cités aux grands vins et ceux dits de
Moselle, Pisport, Zettingue, Olisberg et quelques
autres.

AUTRICHE. — Schiracker, Presbourg, et les
deuxièmes et troisièmes choix de ceux déjà cités
aux grands vins.

ITALIE. — Les vins secs de Marsala et Castel-Veterano.

ESPAGNE. — Rancio de Péralta, deuxièmes Xérès, premiers Montilla et Malaga secs.

TURQUIE. — Les vins dits de *la Loi*, le nectar de Mesta et le vin d'or.

PERSE. — Les vins secs de Schiraz et d'Ispahan.

ILES DE L'OCÉAN ATLANTIQUE. — Les premiers des îles Ténériffe, Açores, Canaries, et les deuxièmes choix de l'île de Madère.

Vins grands ordinaires rouges français.

GIRONDE. — Les vins bourgeois et paysans ordinaires du Médoc, les premiers et deuxièmes palus de Queyries, Bassens et Monferrand ; les premiers et deuxièmes choix de Bourg, Fronsac, Saint-Émilion, et ceux qui ne sont pas placés dans les catégories précédentes des communes de Blanquefort, le Pian, le Taillan, Arsac, Eysines, Saint-Germain, Valeyrac, Civrac, Saint-Trélody, Saint-Christoly, Blagnan et Mérignac.

COTE-D'OR. — Deuxièmes choix des crus cités aux vins fins, Monthélie, Dijon, Rully, Meursault. Fixin.

SAONE-ET-LOIRE. — Mercurey, Givry, Julliénas.

RHONE. — Morgon, Sainte-Foy, les Barolles, Millery et la Galée.

MARNE. — Ville-Dommange, Chamery et Saint-Thierry.

DORDOGNE. — Deuxièmes choix de Bergerac, Lalinde, Beaumont, côte Saint-Léon.

7.

HÉRAULT. — Saint-Georges-d'Orques.

HAUTE-GARONNE. — Fronton et Villaudric.

YONNE. — Avallon, Joigny, Coulanges et Irancy.

HAUTE-MARNE. — Aubigny et Monsaugeon.

MOSELLE. — Scy, Sussy, Sainte-Ruffine et Sale.

MEUSE. — Bar-le-Duc, Bussy-la-Côte, Longe-ville, Savonnières, Ligny, Naives, Rosières, Char-dogne, Varnay et Creuë.

HAUT-RHIN. — Deuxièmes choix de Riquewihr, Ribeauvillé et autres.

JURA. — Les Arsures, Salins, Marnoz, Aigle-pierres et deuxièmes d'Arbois.

LOT. — Premiers choix de Cahors et de Gourdon.

LANDES. — Tursan.

TARN. — Cunac, Caisaguet, Saint-Amarens et Gaillac.

GARD. — Lédenon, Roquemaure et Langlade.

INDRE-ET-LOIRE. — Saint-Nicolas-de-Bourgueil et Joué *noble*.

Grands ordinaires blancs français.

GIRONDE. — Les deuxièmes choix de ceux cités aux vins fins, les bonnes Graves, Fargues, Lan-diras, Langoiran, Cadillac et autres.

MARNE. — Ceux des troisièmes crus cités.

HAUT et BAS-RHIN. — Deuxièmes et troisièmes choix des vignobles cités.

COTE-D'OR. — Deuxièmes cuvées de Meursault.

JURA. — L'Étoile et Quintigny.

INDRE-ET-LOIRE. — Les meilleurs de Vouvray.

YONNE. — Junay, Épineuil, Tonnerre et Danne-moine.

SAONE-ET-LOIRE. — Solutré, premiers choix de Vergisson.

MAINE-ET-LOIRE. — Premières côtes de Saumur, Parnay et Dampierre.

SAVOIE. — Martel, Saint-Innocent et Lassaraz.

NIÈVRE. — Pouilly-sur-Loire.

TARN. — Premiers choix de Gaillac.

GARD. — Premiers choix de Laudun et Calvisson.

Les grands ordinaires rouges, les bons ordinaires et ordinaires étrangers, se consommant en totalité dans les pays de production, n'ont pas été désignés. Les vins blancs seront seuls indiqués comme se trouvant dans le commerce souvent à la place des crus supérieurs.

Grands ordinaires blancs étrangers.

SUISSE. — Cully et la côte de Dessalés, en deuxièmes choix.

ITALIE. — Les îles d'Elbe, de Sicile, Caprée, Ischia et Lipari.

ESPAGNE. — Albaflor et deuxièmes Valdepenas.

PORTUGAL. — Lamalongua et Tavira.

RUSSIE. — Sudach, Théodosie, Affiney et quel-ques autres.

TURQUIE. — Deuxièmes de Candie, Macédoine et Styrie.

MOLDAVIE. — Ses premiers choix.

GRÈCE. — Lépante, Chéronée et Mégare.

Vins bons ordinaires rouges français.

Tous les vignobles cités dans les précédentes catégories fournissent des qualités qui ne peuvent figurer que dans celle-ci ; suivent ceux qu'il convient d'y ajouter :

GIRONDE. — Les deuxièmes choix des secondes palus, les premiers des côtes de Blaye, les deuxièmes des côtes de Bourg, les troisièmes de celles de Fronsac et Saint-Émilion, Castillon et Sainte-Foy-la-Grande, Sainte-Eulalie, Saint-Loubès, la Grave et Carbon-Blanc.

MAINE-ET-LOIRE. — Champigné-le-Sec.

INDRE-ET-LOIRE. — Joué, Saint-Nicolas-de-Bourgueil.

AIN. — Les meilleurs vins de Seyssel.

LOIRE. — Lupé, Saint-Michel, Chuynes, Boen et Chavenay.

ISÈRE. — Reventin et Seyssuel.

DROME. — Saillans, Vercheny, Die, Rousas, Châteauneuf-du-Rhône, Allan, Monségur et Montélimar.

INDRE-ET-LOIRE. — Chissaux, Bléré, Athée, Civray, Azay, Chenonceaux, Épeigné, Francueil, Saint-Avertin et quelques autres vignobles.

RHONE. — Sainte-Foy, les Barolles et Millery deuxièmes choix.

DORDOGNE. — Domme, Saint-Cyprien, Cunèges et Chancelade.

LOT. — Premiers choix de Pont-l'Évêque et Fumel.

AUDE. — Premiers de Treilles, Portel, Fitou, Mirepeisset et Ginestas.

TARN. — Deuxièmes de Gaillac, premiers de Rabastens.

HÉRAULT. — Vérargues, Saint-Christol, Saint-Dresery et Castries.

GARD. — Roquemaure, Saint-Gilles, Bagnols et deuxièmes de Lédenon.

SAONE-ET-LOIRE. — La côte châlonnaise, le Mâconnais et le Beaujolais fournissent un grand nombre de choix à cette catégorie.

YONNE. — Les choix non cités produisent une nombreuse quantité de ces vins à Joigny, Tonnerre, Auxerre, Avallon et Irancy.

VAUCLUSE. — Les deuxièmes choix, assez abondants, des communes citées.

VAR. — Bandols, le Cattelet, Saint-Cyr et le Beausset.

BASSES-ALPES. — Mées.

BOUCHES-DU-RHONE. — Séon-Saint-Henri, Séon-Saint-André, Saint-Louis et Château-Combert.

BASSES-PYRÉNÉES. — Moncin, Aubertin, Conchez, Portet, Aydie, Aubans, Dieusse, Cisseau, Ponts et Burosse.

PYRÉNÉES-ORIENTALES. — Espéra-de-l'Agly, Rivesaltes, Salces, Pezilla et Baixas.

HAUTES-PYRÉNÉES. — Madiran, Soublecause, Saint-Lanne et Lascazères.

GERS. — Les bons choix de Nogaro.

ALPES-MARITIMES. — Bellet et les premiers du territoire de Nice.

SAVOIE (LES DEUX). — Côte de Chantagne, Touvière et Cantefort.

ILE DE CORSE. — Ajaccio, Sari, Vico, Péri, Bastia, Cap-Corse, Calvi, Monte-Maggiore, Corte, Bonifacio et Porto-Vecchio.

LOT-ET-GARONNE. — Péricard et Monflanquin.

Les vins blancs bons ordinaires ou ordinaires sont en très grande quantité sur les territoires dont il vient d'être parlé dans les diverses catégories de vins supérieurs; en examinant les départements qui fournissent celle des vins ordinaires, il sera fait mention, sans qu'il soit utile de les séparer, de ceux qui produisent des vins blancs possédant leurs qualités relatives.

Vins rouges ordinaires de France.

Tous les vins qui entrent dans cette catégorie sont ceux qui fournissent la quantité la plus considérable des vins de consommation courante et dont le commerce est le plus important. Néanmoins, pour figurer ici, ils doivent être dépourvus de goût de terroir, n'être ni lourds, ni grossiers, ni pâteux, ni plats; en un mot, ils doivent *aller seuls* et pouvoir se conserver, s'améliorer plus ou moins, sans mélange ni addition.

AIN. — Seyssel, Champagne, Machurat, Tallissieux, Culoz, Anglefort, Groslée, Saint-Benoît, Virieux, Cervirieux, Saint-Rambert, Toisieux, Ambérieux, Vaux, Lagnieux, Saint-Sorlin, Villebois,

L'Huis, Montmerle, Toissy, Montagneux et quelques autres donnent des vins *rouges et blancs*

AISNE. — Pargnan, Craone, Craonelle, Jumigny, Vassogne, Cussy, Bellevue, Roussy, Laon, Cressy, Bièvre, Orgeval, Montchâlons, Ployard, Vourciennes, Arancy, Château-Thierry, Tréloup, Vailly et Soupir donnent beaucoup de *vins rouges* et quelques vins *blancs*.

ALLIER. — La Garenne du Sel (*rouges et blancs*).

ALPES (BASSES-). — Deuxième choix de Mées et quelques autres *rouges*.

ALPES (HAUTES-). — La plupart de ses vignobles (*rouges et blancs*).

ARDÈCHE. — Mauve, Limoni, Sara, Vion, Aubenas et l'Argentière (*rouges et blancs*).

ARDENNES. — Ceux de l'arrondissement de Vouziers (*rouges et blancs*).

AUBE. — Bouilly, Laine-aux-Bois, Javernat, Souligny, Bar-sur-Seine, Bar-sur-Aube et Landre ville (*rouges et blancs*).

AUDE. — Deuxième Fitou, Leucatte, Treilles, Lagrasse, Alet, Limoux et Magrie (*rouges et blancs*).

AVEYRON. — Lancedac, Agnac, Marillac, Guron, et Gradels (*rouges et blancs*).

BOUCHES-DU-RHÔNE. — Aubagne, Gemenos, Auriol et Cuges (*rouges et blancs*).

CHARENTE. — Saint-Saturnin, Asnières, Saint-Genis, Linards, Moulidars, Fonquebrune, Gardes, Rouillac, Blanzac, Vars, Montignac, Saint-Sernin, Vouthon, Marthon, Mornac, la Couronne, Roulet,

Nersac, Julienne et quelques autres (*rouges et blancs*).

CHARENTE-INFÉRIEURE. — Saintes, Chepniers, Fontcouverte, Bussac, la Chapelle, Saint-Romain, Saujon, le Gua, Saint-Julien, Nouilliers, Matha, Saint-Jean-d'Angély, Marennes, Saint-Just, la Rochelle, les îles d'Oléron et de Ré (*rouges et blancs*).

CHER. — Savignol, Sancerre, Vassely, Fussy et Saint-Amand (*rouges et blancs*).

CORRÈZE. — Les côtes d'Allasac, Saillac, Donzenac, Varets, Mussac, Saint-Bazile, Queyssac, Nonards, Puy-d'Arnac, Beaulieu et Argentat (*rouges et blancs*).

CORSE. — Les troisièmes choix de ses vins cités (*rouges et blancs*).

COTE-D'OR. — Tous les vins qui n'ont pas été mentionnés. Ce département produit peu de vins communs (*rouges et blancs*).

DORDOGNE. — Cadouin, Limeuil, Monpazier, deuxième Domme, Saint-Cyprien, Montignac et les ordinaires de Bergerac (*rouges et blancs*).

DOUBS.— Besançon, Byans, Mouthier, Lombard, Liesse, Lavans, Jallerange, Châtillon-le-Duc et Pont-Villiers (*rouges et blancs*).

DROME. — Les troisièmes choix des vignobles cités et Etoile, Livron et Saint-Paul (*rouges et blancs*).

GARD. — Lacostières, Jonquières, Pujaut, Laudun, Langlade, Vauvert, Millaud, Calvisson, Aigues-Vives et Alais (*rouges et blancs*).

GARONNE (HAUTE-). — Deuxièmes de Villaudric et Fronton, Montesquieu-Volvestre et Buzet (*rouges*).

GERS. — Vertus, Mazères, Viella, Gouts, Lussan, Ville-Comtal, Miélan, Plaisance, Vic-Fézensac, Valence et Miradoux (*rouges et blancs*).

GIRONDE. — Presque tous les vins *rouges et blancs* du département non cités aux précédentes catégories, les plus communs de la Benauge et de l'Entre-deux-mers exceptés.

HÉRAULT. — Garrigues, Pérols, Villevayrac, Bousigues, Frontignan, Poussan, Loupian Mèze, Agde, Pézénas, Béziers, Lodève, Lunel, Montpellier, Saint-Georges et les premiers choix d'Aramont et de Picpoul en vins *rouges et blancs*.

INDRE. — Valaunay, Vic-la-Moustière, Veuil, Latour-du-Breuil, Concremiers et Saint-Hilaire (*rouges et blancs*).

INDRE-ET-LOIRE. — Chinon, Ballan, Luynes, Fondettes et les choix d'Amboise (*rouges et blancs*).

ISÈRE. — Saint-Chef, Saint-Savin, Jallien, Ruy-les-Roches, Vienne, Lambin, Crolles, la Terrasse, Grignon, Saint-Maximin, Murinais, Bessins, Pont-en-Royan et Saint-André (*rouges et blancs*).

JURA. — Voiteur, Ménetru, Blandans, Saint-Lothaire, Poligny, Geraise et Saint-Laurent (*rouges et blancs*).

LANDES. — Le Tursan, la côte de Leynie et la haute Chalosse (*rouges et blancs*).

LOIR-ET-CHER. — Onzain, Mer, Chaumont, Thésée, Monthou, Bourré, Montrichard, Chissey, Mareuil, Pouillé, Angé, Faverolles, Saint-Georges, Lusillé, Meusne et Chambon (*rouges et blancs*).

LOIRE. — Charlieu, Lupé, Chuines, Chavenay, Saint-Michel, Saint-Pierre-de-Bœuf, Boen, Renaison, Saint-André et Saint-Haon (*rouges et blancs*).

LOIRET. — Sargeau, Saint-Denis, Saint-Marc, Saint-Gy, Beaugency, Baule, Baulette, Marigny (*rouges et blancs*).

LOT. — Ses vins rosés et mi-couleur et presque tous ceux qui n'ont pas été cités (*rouges*).

LOT-ET-GARONNE. — Thézac, la Croix-Blanche, Agen, Marsan, Castelmoron, Sommenzac, la Chapelle, Notre-Dame, Clairac et Marmande (*rouges et blancs*).

LOZÈRE. — Marvejols, Florac et Villefort (*rouges*).

MAINE-ET-LOIRE. — Dampierre, Varrains, Chacé, Saint-Cyr, Brézé, Saumur et Feuillé (*rouges et blancs*).

MARNE. — Vertus, Avenay, Champillon, Damery, Mouthelon, Mardeuil, Moussy, Vinay, Claveau, Maury, Poigny, Vantheuil, Châtillon, Romery, Vincelles, Villens, Ceuilly, Vaudières, Verneuil, Troissy, Châlons et Vitry-sur-Marne (*rouges et blancs*).

MARNE (HAUTE-). — Vaux, Rivière-les-Fossés, Pranthoy et Saint-Dizier (*rouges et blancs*).

MEURTHE. — Thiancourt, Pagny, Arnaville, Bayonville, Charny, Essey, Toul, Saulny, Lucey, Cote-Rôtie, Roville et autres (*rouges et blancs*).

MEUSE. — Apremont, Loupmont, Woinville, Lionville, Saint-Julien, Vaucouleurs, Vignot, Sampigny, Saint-Michel, Bruxières, Monsec, Loisey,

Ancerville, Rambecourt, Belleville et les Rochelles (*rouges et blancs*).

MOSELLE. — Les deuxièmes choix des vignobles cités et quelques-uns du territoire de Sarreguemines (*rouges et blancs*).

NIÈVRE. — Deuxièmes de Pouilly-sur-Loire (*blancs*).

OISE. — Clermont (*rouge*).

PUY-DE-DOME. — Nechers, Issoire, Cournon, Lauden, Orset, Lezandre, Mesel, Dallet, Pont-du-Château, Beaumont, Aubière, Mariel, Calville, les Martres, Authezat, Mouton, Vic-le-Comte, Coudes et Montpeyroux (*rouges*).

PYRÉNÉES (BASSES-). — Lasseube, la Hourcade, Sault de Navailles, Cuqueron, Luc, Navarrens et Sauveterre (*rouges et blancs*).

PYRÉNÉES (HAUTES-). — Bagnères et Argelès (*rouges et blancs*).

PYRÉNÉES-ORIENTALES. — Torremila, Terrats, Esparrons, Vernet, Prades et environs (*rouges*).

RHIN (HAUT- et BAS-). — Quelques vins *blancs* des vignobles cités.

RHONE. — Irigny, Charly Curis, Poleymieux et Couzon (*rouges*).

SAONE (HAUTE-). — Le clos du Château, Rey, Chariez, Naveune, Quincy et Gy (*rouges et blancs*).

SAONE-ET-LOIRE. — Montagny, Chenoxe, Buxy, Saint-Vallerin, Saules, la Chassagne, Villié, Regnié, Lantigné, Quincié, Marchand, Durette, les Etoux, Cercié, Saint-Jean, Pizay, Jasseron, Vadoux, Belleville, Saint-Sorlin, Charentay, Charnay, Pricé, Vaux-Renard, Saint-Amour, Chevagny,

Chanes, Saint-Vérand, Loché, Vaizelle, Urigny, Sancé, Sénecé, Azé, Pierreclos, Verzé, Igé, Blacé, Saint-Julien, Denicé, Bussières, Lacenas et plusieurs autres vignobles de la côte beaujolaise, mâconnaise et châlonnaise fournissent à cette catégorie de bons vins ordinaires *rouges et blancs*.

SARTHE. — Le clos de Jasnières, Bazouges, Brouassin, Arthésée, la Chapelle d'Aligné, Saint-Vérand, Cromières, la Flèche et Gazonfières (*rouges et blancs*).

SAVOIE (LES DEUX). — Thonon, Aix et les vins des Abymes (*rouges et blancs*).

SEINE-ET-MARNE. — La côte des Vallées et plusieurs vignobles de l'arrondissement de Fontainebleau (*rouges*).

SEINE-ET-OISE. — La côte des Célestins, le clos d'Athis-Mons, Andresy, Septeuil et Boissy-sans-Avoir (*rouges*).

SÈVRES (DEUX-). — Mont-en-Saint-Martin, Bouillé, Loret, la Rochenard, la Foi-Monjault et Airvault (*rouges et blancs*).

TARN. — Plusieurs vignobles de Rabastens, Gaillac et Alby (*rouges et blancs*).

TARN-ET-GARONNE. — Fau, Aussac, Auvillar, Saint-Loup, Campsas, la Villedieu et Montbartier (*rouges et blancs*).

VAR. — Lacadière, Saint-Nazaire, Ollioules, Pierrefeu, Cueres, Solliès-Farlède, Hières, Lorgues, Saint-Tropez, Brignoles (*rouges*).

VAUCLUSE. — Morière, Avignon et Orange (*rouges*).

VENDÉE. — Luçon, Faymoreau, Loge-Fougereuse et Talmont (*rouges et blancs*).

VIENNE. — Champigny, Saint-Georges, Couture, Dissay, Chauvigny, Saint-Martin, Villemont, Saint-Romain et Vaux (*rouges et blancs*).

YONNE. — Cheney, Vaulichères, Tronchoy, Molesmes, Cravant, Jussy, Vermanton, Joigny, Saint-Bris, Arcy-sur-Cure, Pourly, Pontigny, Vezinnes, Junay, Saint-Martin, Commissey, Neuvi, Sautour, Villeneuve-le-Roi, Saint-Julien-du-Sault, Paron, Marsangy, Rousson, Collemiers, Rosoy, Grou, Véron et les plus inférieurs des vignobles déjà cités fournissent une grande quantité de vins *rouges* à cette catégorie.

Les vins *blancs* sont tout aussi abondants et offrent beaucoup de choix. Châblis présente près de vingt-cinq vignobles ; l'arrondissement de Sens en renferme aussi une importante quantité.

Vins de liqueur français.

La France produit, relativement, peu de vins de cette espèce ; néanmoins, quelques crus peuvent lutter, avec un certain avantage, avec la plupart des vins de liqueur étrangers.

Le MUSCAT de RIVESALTES, dans les Pyrénées-Orientales, est l'un des meilleurs vins de liqueur français.

Le vin de *paille* de COLMAR et de KAÏSERBERG (Haut-Rhin).

Le vin de l'*Ermitage* du département de la Drôme.

Les premiers choix de Frontignan et de Lunel (Hérault).

Les quatre vins ci-dessus peuvent être considérés comme les premières qualités des vins de liqueur de France.

Suivent, dans leur ordre de mérite, les vins de cette catégorie qui se présentent en seconde ligne.

Hérault. — Les deuxièmes choix de Lunel et Frontignan ; le premier dit *Picardan*, et les meilleures préparations de *Grenache*.

Haut et Bas-Rhin. — Les meilleurs *Muscat* de Wolxheim, Héligensten et quelques autres localités.

Pyrénées-Orientales. — Les vins dits de *Grenache*, à Banyuls, Collioure et Cosperon, et le *Macabeo* de Salses.

Dordogne. — Les premiers choix de Montbazillac.

Corrèze. — Le vin de *Paille* d'Argentat.

Vaucluse. — Les vins dits *Grenache* et les vins *Muscat* de Beaume.

Var. — Les *Muscat* rouges et blancs de Roquevaire, de Cassis et de la Ciotat.

Corse. — Les vins de liqueur du cap Corse.

Les départements ci-dessus et plusieurs autres récoltent ou préparent une assez grande quantité de vins Muscat ou de liqueur, mais dont la réputation ne dépasse pas les pays de production.

Vins de liqueur étrangers.

Les vins de cette espèce et dans les premières qualités se trouvent fort rarement dans le commerce.

Les souverains des pays qui les produisent les retiennent pour leur usage ou pour en faire des présents à d'autres souverains. Leur prix élevé est aussi une très grande difficulté que le commerce ne consent guère à vaincre, pour se munir de la petite quantité disponible.

Les crus les plus renommés sont ceux de TOKAY, CONSTANCE, le vin vert de COTNAR, de LA COMMANDERIE (*île de Chypre*), le LACRYMA-CHRISTI, MALVOISIE DE MADÈRE, le TINTO D'ALICANTE, *les muscats rouges et blancs* DE SYRACUSE et *les rouges et blancs* DE SCHIRAZ.

Plusieurs autres pays et ceux qui fournissent les crus ci-dessus présentent un choix nombreux dont suit la nomenclature par contrée.

ALLEMAGNE. — Les vins dits de *paille* de la FRANCONIE.

AUTRICHE. — Les seconds crus de Tokay, Tarczal, Mada, Zombor, Szeghy, Szadany, Tolesva, Erdo-Benye et les vins de liqueur de Transylvanie, Istrie, Dalmatie et de la Vénétie.

ITALIE. — Les deuxièmes choix de Lacryma-Christi (NAPLES), de Syracuse (SICILE), le muscat rouge et Aliatico (TOSCANE). Les vins muscats de Canelli et de Chounbave (PIÉMONT), les Nasco, Giro, Tinto et les malvoisies DE L'ILE DE SARDAIGNE. Le vermut et l'Aléatico de l'ILE D'ELBE. Les vins muscats du Vésuve (NAPLES). Le Malvasia des ILES LIPARI, le Vino-Santo de CASTIGLIONE et le vin aromatique de Chiavenne (LOMBARDIE).

ÉTATS-ROMAINS. — Les vins blancs et rouges

d'ALBANO, les muscats de MONTEFIASCONE, d'OR-
VIÉTO et de FARNÈZE.

ESPAGNE. — Les deuxièmes Tinto d'Alicante
(VALENCE), le tintilla de Rota (ESTRAMADURE), le
tintilla de Xérès et de San-Lucar et Paxarète (AN-
DALOUSIE), le tinto, la Malvasia, le Lacryma et les
muscats blancs de Malaga (GRENADE). Le Pedro-
Ximénes de Victoria (BISCAYE). Le vin Grenache
de Sabaye et Carinena (ARAGON), la Malvasia de
Pollentia (ILE MAJORQUE), les Velez-Malaga et
une très grande quantité des plus ou moins inférieurs de ces vignobles.

PORTUGAL. Les vins muscats de Setuval et de
Carcavellos dans l'Estramadure portugaise.

TURQUIE. —Les malvoisies second choix de Chypre et de Candie ; les vins muscats rouges et blancs
des îles Samos, Ténédos et Chypre. Le vin de Gali-
stas (MACÉDOINE) et celui de Smyrne.

PRINCIPAUTÉS DANUBIENNES. — Les deuxièmes crus de Cotnar (MOLDAVIE) et le vin de Piatra
(VALACHIE).

PERSE. — Les malvoisies de Schiraz et Ispahan.

CAP DE BONNE-ESPÉRANCE. — Les deuxièmes
crus de Constance; les muscats rouges et blancs,
dits Rota.

GRÈCE. —Les malvoisies de la Morée et leVino-
Santo de l'île Santorin, ainsi que plusieurs vins
muscats des îles Ioniennes.

RUSSIE. — Les vins de liqueur de Koos et de
Sudach (CRIMÉE).

ILES DE L'OCÉAN ATLANTIQUE. — Deuxième
choix des malvoisies et des vins muscats de l'île de

Madère; les premiers des Iles Ténériffe, des Açores, Canaries, Gomère et Palme.

MEXIQUE. — Les meilleurs vins de liqueur de Passo-del-Norte, de Paras, de San-Luis-de-la-Paz et de Zelaya.

La plupart des pays qui produisent les vins de liqueur dont la nomenclature précède préparent ou récoltent un nombre très considérable d'autres vins de cette nature, qui sont envoyés et livrés au commerce sous le nom des crus les plus renommés. Il n'est pas sans intérêt d'ajouter que ces vins peuvent acquérir des qualités qui leur manquent par les soins, par le temps et aussi par les voyages qu'on leur fait faire. S'ils n'atteignent pas toutes les qualités des crus supérieurs, ils peuvent les remplacer, à la satisfaction des consommateurs, qui ont rarement la faculté de les comparer avec les premiers.

Hypocras.

Les hypocras sont le produit de la digestion dans le vin de diverses substances aromatiques qu'on y fait infuser ou macérer à une température élevée ou ordinaire; tels sont le vermout, le vin chaud ou bischop, si efficace pour exciter la transpiration dans les refroidissements dits *coups d'air;* le vin d'absinthe, de framboise, de genièvre, de cédrat, de vanille, etc. Les hypocras sont plus ou moins toniques, plus ou moins apéritifs ou agréables.

Des mélanges.

Cette question est la partie la plus délicate de la
tâche que j'ai entreprise ; elle soulève dans le monde
des consommateurs tant d'objections, elle suscite
tant de méfiance, et, il faut bien le dire, elle favorise si bien la tromperie, qu'il est bien difficile de
fixer les limites où la bonne foi s'arrête et celles où
la fraude commence. Le consommateur est toujours
ou absolument confiant ou soupçonneux sans cause.
Lorsqu'il a besoin de s'approvisionner, son impuissance à distinguer la valeur ou la nature des vins
qu'on lui livre, l'oblige à les accepter sans discus-
sion ou à se révolter sans cesse contre leur mérite,
sans qu'il puisse toutefois opposer des arguments
valables. Il exige ce liquide avec sinon la réalité, au
moins avec les apparences d'un vin moelleux, corsé,
agréable de goût, avec le plus de bouquet possible
et une robe brillante dont la couleur ne tâche pas
son linge. Cet état de choses est surabondamment
prouvé par la pratique. Le fournisseur a-t-il le devoir de prévenir son client que tel vin qu'il trouve
bon n'est que le résultat d'un mélange de plusieurs
vins ? En principe, il en devrait être ainsi ; mais,
en pratique, il arrive que le consommateur repousse
la boisson que tout d'abord il trouvait à son goût,
si le marchand avoue qu'elle est le produit d'un
mélange, et s'il offre dans la proportion du prix un
vin parfaitement en nature, son client le trouvera
vert, violacé, dur ou trop nouveau ; et pour ne pas
avouer son insuffisance, il s'adressera à un autre

vendeur qui n'aura pas autant de scrupule que le premier. Cette situation fait naître la double obligation, de la part du consommateur, de repousser le préjugé qu'un vin mélangé ne saurait être une excellente boisson, et de celle du fournisseur que tout vin doit être livré pour *ce qu'il est* et pour *ce qu'il vaut*, car hors de ces deux termes il n'y a que confusion et impuissance.

Le mélange des vins est dans la nature même du fruit qui le produit, car on n'obtient dans le plus réputé des vignobles que du vin d'une pureté relative, attendu que les cépages et les raisins qu'ils produisent ont des caractères physiques très variés. Pour avoir du vin absolument pur, on ne saurait l'obtenir que de la vigne plantée d'un même cépage, condition fort peu praticable à divers égards. La loi elle-même dispose qu'un vendeur a le droit de mélanger ses vins pour les accommoder au goût de sa clientèle.

Les vins se manifestent à leur sortie de la cuve avec les qualités et les défauts que la vendange leur a communiqués dans une proportion d'autant plus grande pour les unes comme pour les autres, que la nature du sol, le choix des cépages et la température de l'année ont contribué à leur fournir. Les vins dont les qualités sont suffisantes pour sa conservation, sont ceux qu'on destine à demeurer en nature. Mais pour ceux, et c'est généralement la plus importante quantité, qui sont trop ou trop peu colorés, faibles, plats, durs, grossiers, verts, dépourvus de bouquets, pâteux, âpres, avec goût plus ou moins prononcé de terroir, trop forts ou trop

légers, on comprend que le mélange d'un vin faible
avec un vin fort, un vin de couleur insuffisante avec
un autre trop coloré, un vin léger avec un vin généreux, un vin dur avec un vin plat, etc... peut
fournir un vin supérieur en qualité à l'un quelconque
de ses composés. Ces diverses combinaisons ne
peuvent, il est vrai, être faites que par des personnes
expérimentées, et qui savent les doses que chaque
nature de vin doit fournir, et quels sont ceux de
ces liquides qui ont plus d'affinité entre eux, car le
but à atteindre n'est pas seulement de produire une
mixtion plus ou moins homogène, mais encore de
lui donner un goût franc qui le rapproche des qualités d'un vin de bonne nature. On peut affirmer
qu'une opération de ce genre, fournit un produit
presque toujours préféré par le préparateur lui-
même, à un vin en parfaite nature d'un prix relativement plus élevé que celui auquel revient le mélange. Voici le motif des avantages d'un coupage
sur le vin en nature : Le contact des vins d'origines
différentes, produit une fermentation dont le résultat est un liquide nouveau qui s'est débarrassé par
ce travail intime de portions de matières non dissoutes qui masquaient sa transparence ou son goût ;
chacun des composés s'est assimilé partie des qualités dont il était dépourvu, de son coparticipant à
la masse. Lorsque celle-ci a terminé sa fermentation, on soutire dans un autre fût, on colle plus ou
moins fortement, et on répète le soutirage et le collage si besoin est pour dépouiller ce produit nouveau
de la lie que pourrait provoquer une fermentation
prolongée. Ce procédé a pour effet de faciliter la

combinaison intime de toutes les molécules constituantes de chacun des vins employés, et d'en faire
un liquide homogène dans toutes ses parties, qui
est franc de goût, mais qui a perdu tout caractère
originel bon ou mauvais. Ce mélange ainsi traité a
toutes les apparences d'un vin de deux ou trois ans,
selon le nombre de soutirage et de collage auxquels
on l'a soumis ; il faut un choix de vins fait avec in-
telligence parmi ceux *qui se marient bien*, pour
obtenir un bon résultat. Ce serait une erreur de
croire qu'un vin ainsi préparé ne se conserve pas
et ne s'améliore pas en bouteille ; il est évident que
les opérations qu'il a subies l'ont fatigué beaucoup
plus que si on lui eût laissé le temps d'accomplir
naturellement ses phases d'amélioration, et qu'il ne
peut durer aussi longtemps que le vin en nature
qu'on le destine à remplacer ; mais il peut parfaitement durer plusieurs années avec toutes les qualités
d'un vin agréable à boire, et être tout aussi salubre
pour la santé qu'un vin en parfaite nature et de
bonne qualité.

Exemple de quelques mélanges pratiqués.

1° Les vins de la côte mâconnaise, de la côte
beaujolaise et de la côte châlonnaise coupés, comme
il vient d'être dit, avec un tiers ou un quart de bon
vin de Saint-Georges (Hérault), qui communique sa
générosité et son bon goût sans altérer le bouquet
du Bourgogne, sont toujours préférés aux vins même
un peu supérieurs en nature de ces pays, surtout
lorsque l'année n'a pas été favorable.

8.

2° Un vin de bas Médoc, coupé avec ceux de l'Ermitage ou du bon Cahors, gagne en corps et en spiritueux sans perdre bien sensiblement sa finesse et son bouquet.

3° Comme vins ordinaires de table, les petits vins neutres du Midi, coupés avec vins du Cher, vins blancs d'Anjou et quantité suffisante de Rousillon ou de bon Narbonne, forment un très bon vin de table parfaitement sain, et qui peut se garder avec avantage pendant au moins trois ans.

4° Enfin, la grosse cuvée du Broc de Paris qui emploie les gros vins de tous les pays, les petits vins blancs ou rouges du Bordelais, du Midi et du Centre de la France, sont employés à cette cuvée dont le détail de Paris consomme une si énorme quantité. Ces vins doivent avoir une forte couleur, et un degré d'alcool qui varie de 11 à 14 degrés centigrades. On ne les vend pas ainsi, et je n'ai pas mission de dire ce qu'on en fait ; je me borne à affirmer que ces vins ne sont aucunement nuisibles, qu'ils sont à l'état qui plaît au consommateur, sans mauvais goût, assez corsés, beaux de couleur et surtout à peu près toujours les mêmes, et cela pour apprendre à la nature combien elle a tort de produire des vins si différents de couleur, de goût, de qualité qu'on ne pourrait trouver en France, parmi les 2 millions de propriétaires, deux vins exactement semblables.

Somme toute, les mélanges sont favorables au producteur qui, lui aussi, accepte fort bien tout moyen de corriger l'imperfection de sa récolte, en ce que ces opérations lui facilitent les moyens d'é-

couler des produits qui, sans ce secours, seraient
délaissés ; au consommateur, parce qu'il peut, à un
prix relativement modéré, s'approvisionner constamment d'une boisson saine, fortifiante, agréable et dont
l'emploi est entré dans ses habitudes. Pour ce qui est
de l'intermédiaire, c'est-à-dire le commerce, il devrait lui être infiniment préférable de ne vendre que
des vins en nature et de belle qualité, si le consommateur y voulait mettre le prix qu'ils valent. Quant
à ceux pour qui la pratique des mélanges est une
occasion de tromperie et de bénéfices illicites, ils
commettent des abus de confiance ; c'est à la justice
de punir leur mauvaise foi, et aux consommateurs
de s'en défendre de leur mieux.

DES BIÈRES

La fabrication des bières est une industrie dont l'origine remonte et se confond avec l'histoire d'Osiris et de Cérès. Aristote et Théophraste l'ont décrite et nommé *vin d'orge*. De nos jours, cette fabrication a atteint des proportions considérables, et l'usage de la bière est très répandu en Europe; la Belgique, qui compte environ 4,000,000 d'habitants, en produit seule près de 10,000,000 d'hectolitres dont elle n'exporte qu'une petite partie.

La bière bien fabriquée constitue une boisson saine et nourrissante; elle contient des principes azotés dans les parties extractives des grains qui servent à sa fabrication.

Composition des diverses Bières.

1° Tous les farineux, céréales ou légumineuses, dont on emploie plus particulièrement l'*orge*, le *froment*, le *seigle*, l'*avoine*, le *sarrasin*, l'*épeautre* et le *maïs*, les *fèves*, *féveroles*, *haricots*, *pois* et autres végétaux contenant de la fécule ou du sucre, sont plus ou moins propres à la fabrication de la bière.

2° Les matières amères, en même temps qu'elles

communiquent un goût plus ou moins agréable, aident à la conservation de la bière et lui communiquent des propriétés toniques à divers degrés. Le houblon est l'amer le plus usité, et la partie active de cette plante se nomme *Lupuline*. Les qualités des houblons varient suivant le pays; on les estime généralement dans l'ordre qui suit: *Fleurs de houblon d'Amérique, d'Angleterre, de l'Allemagne centrale, Belgique, Hollande, et enfin d'Alsace en France*. On emploie les copeaux de pin Sylvestre, tant pour clarifier les bières que pour leur communiquer le goût résineux de ce bois. En Bavière, on enduit les tonneaux d'une couche légère de poix qui donne un goût peu agréable, mais contribue à la conservation de la bière.

3° Les matières aromatiques sont employées dans cette fabrication pour augmenter les propriétés toniques et fournir un goût et un bouquet agréables. A cet effet, on emploie la *coriandre* très aromatique et astringente. Le *carvi* ou *cumin* des prés, la graine de *paradis*, la fleur de *sureau*, le *gingembre*, le *cassia amara*, l'*aloès* et quelques autres.

Bières d'orge anglaises.

C'est en Angleterre qu'on fabrique les bières les plus renommées. L'ALE et le PORTER d'exportation qu'on prépare à Londres sont les premières bières du monde.

L'ale a aujourd'hui la préférence des amateurs, qui l'accordaient autrefois au porter. On brasse plusieurs qualités de ce genre de bière. L'ale d'exportation est préparée avec du malt pâle et la première qualité de houblon de KENT. Le SCOTCH ALE de PRESTON (*Écosse*), qui rivalise avec l'ale de Londres et lui est même préférée sur le continent, bien qu'on lui reproche d'être trop capiteuse.

L'ale ordinaire de Londres ressemble à l'ale dite d'exportation, mais elle est moins forte, attendu que le volume d'eau employé pour la première trempe est plus considérable. La ville de Londres brasse elle seule près de 4,000,000 d'hectolitres de bières diverses.

Le PORTER et le BROWN STOUT sont deux bières brunes dont la couleur tient à la torréfaction poussé au cœur du grain qui constitue un malt brun. Le porter se consomme ordinairement dans le pays; le Brown stout est le porter d'exportation.

L'AMBER BEER est préparé avec les mêmes substances et une addition de mélasse et de réglisse; cette bière est consommée par les habitants; elle est plus ou moins foncée, mais sa couleur la plus ordinaire est celle du vin de Malaga

BIÈRE DE TABLE. (Table beer). Cette bière est faite avec le malt pâle ou ambré, du houblon et de la réglisse. Ainsi que son nom l'indique, c'est la boisson ordinaire des Anglais.

En général, toutes les bières anglaises sont brassées avec le malt brun, ambré ou pâle, dont la quantité à employer varie selon la force, la couleur qu'on veut obtenir. Le houblon est, dans sa proportion relative, destiné au même emploi; mais toujours ces deux principes sont choisis parmi leurs premières qualités. La quantité d'eau employée pour

les premières trempes varie suivant la qualité qu'on
veut produire.

Bières d'orge d'Allemagne.

BIÈRES DE BAVIÈRE. — Ces bières jouissent
d'une réputation étendue et méritée. Dans tout ce
royaume, on excelle à préparer le malt et on y suit
en cela les mêmes procédés qu'en Angleterre. MU-
NICH brasse 5,000,000 d'hectolitres de bières de
trois espèces : 1° *Bière brune* de garde, très bonne
qualité ; 2° *Bock* ou *Salfator*, plus forte que la précédente en malt et en houblon, qu'on choisit les
plus fins et les meilleurs. On ne brasse ces deux
qualités que d'avril à octobre et jamais en été ;
3° *bière blanche*, préparée aux mêmes époques avec
du malt pâle desséché à basse température.

On brasse aussi en toute saison des bières ordinaires de qualité inférieure aux précédentes.

BIÈRE D'AUGSBOURG. — Elle est un peu plus
foncée, plus douce et plus visqueuse que la bière
brune de garde de Munich.

NUREMBERG. — Brasse les mêmes qualités avec
les mêmes procédés que Munich.

ALE DE HAMBOURG. — Cette bière est un peu
plus pâle que l'ale de Londres ; elle n'est ni aussi
forte, ni aussi limpide, mais elle se conserve aussi
bien, a un goût et un moelleux qui peuvent rivaliser
avec cette excellente bière anglaise.

BIÈRE BRUNE DE BRÊME. — Préparée avec du
malt très brun ; elle se conserve bien, mais elle a un

goût un peu amer. On prépare à CopenHague une bière brune très estimée qui diffère de goût avec la précédente et s'exporte au loin.

Bières belges et hollandaises.

ANVERS. — Pour la préparation de la bière d'Anvers on emploie, en assez faible quantité, l'avoine et le froment non germés avec le malt d'orge. Ces bières sont brassées en saison tempérée et se conservent pendant deux ans.

FLANDRE. — On brasse sous le nom d'*Uytzet* deux sortes de bières, l'une double pour l'exportation et l'autre pour le pays. On les soumet à l'ébullition pour leur faire acquérir plus de couleur et de propriétés de conservation.

LOUVAIN. — La bière d'orge se prépare avec du malt très légèrement ambré par dissécation. La *bière blanche* se compose d'orge et de froment par parties égales et six à dix pour cent d'avoine. Cette bière ne se clarifie pas et se digère mal. Elle a, dit-on, la propriété de pousser au développement des tissus graisseux.

MAESTRICHT, MAESEYCH et autres villes riveraines de la Meuse fabriquent des bières brunes très estimés en Hollande, bien qu'une certaine proportion de froment et d'epeautre n'y soit pas étrangère.

Bières fromentacées belges, allemandes et russes.

BRUXELLES.— On fabrique dans cette ville trois sortes de bière, le *lambick*, le *faro* et la *bière de Mars*, on en pourrait ajouter quelques autres qui en diffèrent par les procédés de fermentation. Elles sont composées de malt d'orge et de blé non germé par parties égales. L'opération du brassage n'a jamais lieu en été. Ces bières sont de fort bon goût, de bonne qualité et de bonne garde ; mais elles parviennent rarement au consommateur telles que les brasseurs les préparent. Elles sont, entre les mains des marchands de bière, l'objet de plusieurs mélanges avec des petites bières ; il est à remarquer que les brasseurs sont impuissants à réussir ces coupages au même degré de perfection que les marchands qui excellent dans ces pratiques.

Le *Peeterman* est une bière ambrée, moelleuse, agréable au goût qui ne se clarifie jamais en tonneau ; en bouteille, elle devient limpide avec un certain temps, elle donne alors une mousse tenace ; comme la bière blanche de Louvain elle engraisse les buveurs.

La bière de DIEST a un bouquet particulier qui lui communique une addition de miel, elle est préparée comme la précédente.

La bière de MALINES est composée avec orge, froment, avoine desséchés ensemble.

La bière de LIÉGE, brassée en bonne saison, se conserve bien.

La bière blanche de BERLIN est brassée avec le malt de froment en double quantité de celui d'orge, et vingt pour cent d'avoine germée séparément. Cette bière a bon goût mais se conserve peu.

CHARLEROY, NAMUR, LIÉGE, MONS et autres localités du pays *wallon* brassent des bières qui varient de composition suivant qu'on emploie l'orge, le froment l'épeautre, l'avoine, les féverolles ou le sarrazin; leur réputation ne dépasse pas le pays.

RUSSIE. — Les grandes villes de ce vaste empire possèdent aujourd'hui des brasseries montées suivant les procédés anglais où on prépare très bien le malt d'orge, mais les petits ménages préparent, pour leur boisson, une espèce de bière avec du seigle et de l'avoine germés et une petite portion d'orge germé et touraillé au four. Cette boisson n'est pas dépourvue de bon goût.

Bières françaises.

PARIS. — L'abondance des petits vins et leur bon marché comparatif engagent, en général, les brasseurs à ne préparer leur bière qu'au fur et à mesure des besoins. On importe les bières étrangères de bonne qualité et on fabrique à Paris 155,000 hectolitres de bières brunes ou blanches ou encore en imitation des bières de Bavière, anglaises, belges, de Strasbourg, Lyon et Lille. Les brasseurs préparent trois sortes de bières : 1° bière de Mars; 2° bières doubles; 3° petites bières. La bière de Mars est brassée à la fin de l'hiver et n'est livrée à la consommation qu'après quatre ou six mois de garde. La bière double est préparée de quinze à vingt jours avant de la livrer aux débitants. Les petites bières sont livrées au fur et à mesure de leur préparation. Il entre dans la composition des deux dernières sortes de bière, en plus ou moins, des sirops de fécule ou de mélasse de médiocre qualité; aussi ces bières ne peuvent être considérées comme une boisson saine, agréable et digestive.

On prépare encore une bière *blanche* faite avec un malt d'orge desséché à basse température; du houblon de première qualité et des ingrédients aromatiques qui en font une boisson agréable au goût.

STRASBOURG. — La bière de Strasbourg a une réputation très ancienne et fort bien méritée. La concurrence qu'elle a fait pendant longtemps aux bières de Paris est encore considérable, bien qu'elle ait, depuis quelques années, perdu de son importance.

Cette ville ne fabrique qu'une sorte de bière, et la seule différence de qualité consiste en l'époque de fabrication. La bière de Mars brassée en janvier, février et mars, et qui n'est livrée que dans le courant de l'été, est préparée avec le houblon d'Allemagne. La bière jeune qui est fabriquée quinze à vingt jours avant d'être livrée à la consommation est préparée avec le houblon du pays dans une plus grande proportion.

LYON. — La bière de Lyon est expédiée dans tout le centre et une partie du midi de la France où elle jouit d'une renommée justement établie. Sa couleur est fortement ambrée, son goût est agréable.

elle a beaucoup de moelleux, de corps et se digère très facilement.

LILLE. — La fabrication de la bière a, dans cette ville, une importance supérieure à celle de toutes les autres villes de France, car la quantité fabriquée atteint 200,000 hectolitres. On y brasse une bonne bière double de garde, de la bière brune de table qui est la boisson de la classe moyenne et une quantité considérable de petite bière qui a quelque analogie avec celle de même nature qu'on prépare à Paris.

DES ALCOOLS ET 3/6

L'art de séparer l'alcool des substances qui le contiennent a fait des progrès considérables et on peut avancer que tout le règne végétal et plusieurs matières minérales peuvent en produire ; il est acquis que toute substance qui contient du sucre ou des principes qui, comme les fécules, peuvent être saccharifiés, fournissent, dans la proportion de ces mêmes principes, une quantité relative d'alcool. Mais pour que la distillation trouve son profit à fabriquer ce liquide, elle ne doit s'attacher qu'aux matières qui en produisent le plus et dont l'extraction soit la moins coûteuse.

Le vin est la matière par excellence pour la production de l'alcool. Quelques auteurs donnent le nom d'eau-de-vie, quel que soit le degré obtenu, au produit de la distillation des vins ; mais la pratique ayant établi une distinction, il semble plus naturel de la suivre, d'autant plus qu'un chapitre spécial aux eaux-de-vie leur sera consacré.

Les alcools de vin sont connus sous la désignation d'*esprit de vin*, 3/6 du *Midi* ou de *Montpellier* et sont cotés aux bourses des différentes villes sous l'une ou l'autre de ces trois appellations ; leur degré de vente est à 86 degrés centésimaux. Le département de l'Hérault est celui qui en produit le plus, et, suivant les contrées qui les fabriquent, ils sont plus ou moins estimés.

Les alcools de jus, mélasses ou sucre de betterave, sont généralement désignés sous le nom de 3/6 du *Nord*, du nom de la contrée de la France qui en fabrique le plus. L'étalon des transactions sur ces alcools est le 3/6 ordinaire, dit de livraison, à 90 degrés centigrades. Les qualités et le prix augmentent dans une proportion qu'on appelle *prime*, selon que le 3/6 est *fin*, *extrafin* ou *surfin*. Ils sont encore qualifiés de *bon goût*, *demi-goût* ou *mauvais goût*. Ces différentes qualités s'établissent d'après le mérite du 3/6 et selon que la distillation en a été bien faite et que les *rectifications* ou secondes et troisièmes distillations les ont débarrassés des principes qui en pouvaient altérer plus ou moins la qualité parfaite.

Les alcools de grains sont obtenus des fécules de divers grains, froment, seigle, orge, riz, maïs, etc.; qui ont été préalablement saccharifiés au moyen de la diastase ou de l'acide sulfurique. Ces 3/6 sont soumis aux mêmes règles et degrés pour la vente que ceux du Nord auxquels on les préfère généralement pour la franchise de leur goût; les 3/6 de riz, bien qu'on leur reproche de manquer de corps, sont très fins et très recherchés. La France produit des 3/6 de grains, mais les plus importantes fabriques de ce liquide sont en Angleterre, en Amérique, en Hollande et en Allemagne; tous ces 3/6, moins ceux de Hollande, sont connus dans le commerce sous la désignation des pays qui les produisent. Les 3/6 de grains allemands sont les plus estimés.

La pomme de terre, dont on saccharifie la fécule, fournit aussi du 3/6 dont on fabrique d'importantes quantités en France. La Prusse en fabrique beaucoup et en fait l'objet d'un important commerce. Tous ces alcools, ceux de vin exceptés, sont aussi appelés 3/6 d'industrie.

On a distillé plusieurs autres plantes qu'on a dû abandonner comme ne donnant pas un résultat avantageux ; telles sont le sorgho sucré, l'asphodèle et une multitude de racines et de fruits.

L'alcool sert à de nombreux usages. Les fabricants de liqueur l'emploient comme absorbant et véhicule des aromes ; la médecine s'en sert comme dissolvant des principes actifs de diverses substances et seul comme antiseptique dans le pansement des plaies. L'industrie à divers usages et notamment pour composer les vernis, l'alcool ayant la propriété de dissoudre les gommes qui les composent.

Eaux-de-vie.

Les eaux-de-vie sont aussi le produit de la distillation, mais à un degré moins élevé et qui dépasse rarement 65 degrés centésimaux. C'est, la plupart du temps, un produit simple ; d'autres fois, c'est de l'alcool ou 3/6 de toute provenance réduit avec une quantité d'eau proportionnée au degré qu'on désire obtenir.

Plusieurs contrées en France produisent de l'eau-de-vie de très bonne qualité ; il n'est pas téméraire d'avancer qu'elle n'a pas de rivaux à cet égard. Les eaux-de-vie de COGNAC sont connues dans l'univers entier et y jouissent d'une réputation méritée.

Les départements des deux Charentes produisent des eaux-de-vie excellentes, mais dont la qualité et le caractère sont très variés.

L'eau-de-vie dite FINE CHAMPAGNE est la plus renommée pour sa finesse et son excellent bouquet de noisette, qui se développe plus encore sur les parois du verre que dans la mousse du liquide. On lui reproche d'être un peu maigre et de manquer de corps.

La PETITE CHAMPAGNE, ainsi que son nom l'indique, participe à un degré inférieur aux qualités de la précédente.

Les BORDERIES ou FINS BOIS ont moins de finesse que les deux qui précèdent, mais plus de corps, autant de sève et de bon goût.

Les eaux-de-vie dites PREMIER et DEUXIÈME BOIS participent à des degrés différents et inférieurs des qualités des fins bois. Ce nom de bois vient de ce que les vignes qui produisent ces eaux-de-vie ont été plantées sur des défrichements de forêts. Ce sont toutes ces eaux-de-vie qu'on désigne sous le nom générique de *cognac*.

Les eaux-de-vie de SAINTONGE sont produites par les territoires des deux Charentes et de quelques départements voisins ; elles sont inférieures aux précédentes, bien que la plupart d'entre elles soient de fort bonne qualité. Le degré marchand est de 59 degrés centésimaux.

Les eaux-de-vie dites d'AIGREFEUILLE, bien que

communes, ont une séve très vigoureuse qui les rend très propres à faire de bons mélanges. Celles dites de LA ROCHELLE sont les moins estimées.

Les départements du Gers et des Landes fabriquent de bonnes eaux-de-vie dont quelques-unes ne le cèdent ni en finesse ni en bon goût à celles dites de Cognac. Selon leur qualité, on les désigne sous le nom d'eaux-de-vie d'Armagnac comme suit : BAS ARMAGNAC en première ligne, TÉNARÈZE et HAUT ARMAGNAC. Ces eaux-de-vie ont de la finesse, de la séve, mais pas assez de corps.

Le Lot-et-Garonne produit à MARMANDE des eaux-de-vie du nom de cette ville qui sont assez bonnes mais peu fines ; les eaux-de-vie dites de *pays* rivalisent presque avec celles de Marmande. Le degré marchand de ces eaux-de-vie est de 50 à 52 degrés centésimaux.

Le département de l'HÉRAULT fournit une très grande quantité d'eaux-de-vie, vendues sous le nom de MONTPELLIER, *Preuve de Hollande*, c'est-à-dire 52 degrés centésimaux, titre auquel on les distille ; mais on en vend plus encore qui sont le produit de la réduction des 3/6 au degré dit preuve de Hollande.

La Bourgogne fabrique une assez grande quantité d'*eau-de-vie de marc* bonne qualité, et que quelques amateurs estiment à l'égal des eaux-de-vie de Saintonge et d'Armagnac.

On fabrique un peu partout, et dans le nord de l'Europe surtout, une quantité considérable d'eaux-de-vie avec les 3/6 de betterave, de grain et même de pommes de terre ; soit qu'on les coupe avec des eaux-de-vie de vin, soit qu'on les opère avec diverses substances pour leur donner un goût agréable.

En Hollande et en Angleterre, on fabrique en grande quantité une liqueur en distillant le 3|6 sur des baies de genièvre. Le produit prend le nom de *schiedam gin* ou *wisky*, on en consomme des quantités considérables. On y fabrique également des *amers* et des *anis* qui ont de la réputation.

L'eau-de-vie des mélasses du sucre de cannes, qu'on fabrique en France ou dans les pays d'outre-mer, est désigné sous le nom de *rhum* et *tafia*. Le premier, celui de la Jamaïque surtout qui est rectifié avec soin, jouit d'une réputation méritée. Le tafia qui est le produit d'une première distillation, arrive des Indes principalement, à un degré élevé; on le rectifie pour en obtenir le rhum ou on le réduit seulement. Avec du 3|6 on fait encore une imitation de rhum en y laissant infuser du vieux cuir et en distillant cet étrange produit.

L'eau-de-vie de cerises connue sous le nom de *kirsch-waser* est le produit de la distillation du jus des cerises, mais surtout des merises. Presque tous les cantons de la Suisse en fabriquent, et c'est celui qui a le plus de réputation. Quelques départements font l'objet d'un commerce important, de celui qu'ils produisent; de ce nombre, on cite Fougerolles dans la Haute-Saône, Tremonsey dans les Vosges, et Mouthier dans le Doubs. Le kirsch est une bonne liqueur, d'un arome agréable, et à laquelle on attribue des propriétés calmantes. On l'imite assez facilement en mettant quelques gouttes

d'essence d'amande amère dans une quantité déter-
minée de 3|6 ou d'eau-de-vie de grain. Le prix élevé
de cette liqueur dans les lieux de production explique cette fâcheuse substitution.

On fabrique aussi des eaux-de-vie avec le cidre,
le poiré, la bière, l'hydromel; enfin avec toutes les
substances liquides sucrées, pourvu qu'elles ne
soient pas tournées à la fermentation acide ou putride.

L'ABSINTHE. — Cette liqueur qui attire à trop
juste titre tant de réprobation à cause des désordres qu'elle occasionne, est trop connue pour qu'il
soit nécessaire de parler de ses propriétés, on en
fabrique de deux degrés différents; d'abord à 45 degrés centigrades pour boire telle, et à 70 ou 72
degrés pour la mélanger avec de l'eau. La dernière
est aujourd'hui celle dont on use le plus, et les buveurs endurcis dédaignent même d'y mettre de
l'eau ; l'alcool agit ici en conducteur d'une huile
essentielle qui surexcite le cerveau dont elle semble
ne pouvoir plus se détacher; toute autre boisson
devient sans saveur pour le malheureux buveur,
et dans un temps plus ou moins long, il aboutit à
la folie ou à la mort. Cette liqueur n'est pas cependant fatalement nuisible, car elle a des propriétés carminatives qui rendent son emploi utile dans
les obstructions gazeuses des viscères.

On en fabrique de beaucoup de qualités; les unes
sont distillées avec des 3/6 du Nord ou de Grain,
d'autres avec des alcools de vin; ces dernières sont
les plus fines et celles que l'âge améliore le plus.
Les centres les plus renommés sont Neuchatel en

Suisse, Montpellier (*Hérault*), Amiens (*Somme*), et Saint-Denis (*Seine*). Les distillateurs de Paris en fabriquent également de grandes quantités pour les débitants.

~ Liqueurs.

On donne généralement le nom de liqueur à tous les liquides qui servent de boisson, mais spécialement à des composés d'alcool parfumé, de sucre et d'eau dans diverses proportions pour obtenir des liqueurs dites sèches, des liqueurs plus douces et enfin très sucrées. Quel que soit l'une des trois sortes, l'alcool agit toujours comme véhicule des parfums, l'eau en tempère la force, et le sucre adoucit le tout.

Il y a trois manières de préparer les liqueurs : 1° en distillant l'alcool sur des matières aromatiques propres au produit qu'on veut obtenir, et réduisant cet alcoolat avec un sirop et de l'eau suivant la force qu'on veut donner à la liqueur. Ce procédé ne peut dissoudre que les principes odorants des matières. Cet alcoolat vient d'ordinaire à 80 degrés centésimaux en sortant de l'alambic. Pour qu'une liqueur ainsi préparée soit agréable, il est indispensable qu'elle soit faite longtemps avant d'être consommée; attendu que la distillation donne naissance à une certaine portion d'acide libre qui la rend plus ou moins âcre au goûter quand elle est de fabrication récente; on peut même affirmer que la principale qualité d'une liqueur est d'être vieille ; il faut aussi ajouter que les matières traitées par la distillation étant presque toujours composées, leurs différents parfums ne se combinent bien intimement qu'à la longue pour former un goût unique et agréable.

2° On peut préparer des liqueurs en faisant dissoudre dans l'alcool des essences diverses selon la nature de la liqueur qu'on désire obtenir, et en ajoutant la dose de sucre et d'eau comme il vient d'être dit. Si l'alcool est vieux et de bonne qualité, les essences très fraîches, on obtiendra une liqueur tout d'abord aussi agréable et bien moins coûteuse, mais qui contrairement à la précédente, perdra en vieillissant; les essences ne se combinant pas aussi solidement par la dissolution que par la distillation, elles s'évaporent à la longue, troublent le liquide et le décomposent même si la proportion d'alcool est trop faible.

3° La troisième méthode est celle dite par *infusion, macération* ou *digestion*. Ces trois termes sont assez ordinairement employés dans le même sens, sauf cette différence que l'infusion est moins prolongée que la macération, et que la digestion indique une température plus élevée pour obtenir la dissolution, dans l'alcool, des matières qu'on veut traiter. Quelque terme qu'on emploie, c'est la pratique la plus efficace pour obtenir une bonne liqueur moelleuse et chargée de tous les principes que les matières infusées peuvent fournir. Dans la plupart des cas, l'alcool employé pour cette méthode doit être plus faible, attendu que l'alcool à un degré élevé ne peut dissoudre que les parfums ou les résines et que la portion d'eau qui se trouve dans l'eau-de-vie aide à dissoudre les parties qui ne sont solubles que dans ce liquide. Ce procédé donne à l'alcool faible l'avantage sur la distillation de s'approprier les principes amers, astringents, toniques ou mucilagineux des substances employées, mais il a aussi l'inconvénient d'en conserver la couleur, et de ne pouvoir se prêter comme l'alcoolat distillé, qui est incolore, à tous les changements de nom, de couleur et de goût des consommateurs. C'est par cette méthode qu'on fait les liqueurs dites de ménage et les *ratafias* parmi lesquels celui de Grenoble est si réputé.

Quelque procédé qu'on emploie pour obtenir une liqueur; quelque réputation qu'elle puisse acquérir; quelque sainte ou profane que soit son origine on pourra parvenir à préparer un liquide dont le parfum sera agréable selon la diversité des goûts, mais comme mérite intrinsèque et comme propriétés digestives, la plus réputée ne vaudra pas mieux qu'un mélange de bonne eau-de-vie et de sucre. J'en excepte plusieurs ratafias ou liqueurs par infusion comme le brou de noix, le curaçao, l'anis et quelques autres qui peuvent avoir pris aux substances avec lesquelles on les a mises en contact, les propriétés toniques, astringentes ou carminatives qu'elles renferment.

Les extraits obtenus par la distillation ou l'infusion et qu'on désigne sous le nom d'*élixir* ont la propriété d'activer la circulation par la force de l'alcool et de surexciter ou relever le système nerveux dans les cas spasmodiques, par les parfums qu'ils tiennent en dissolution.

Cidre et Poiré.

Le CIDRE est le produit des pommes écrasées, et dont les parties sucrées ont été mises en fermentation par les mêmes lois qui président à la formation du vin.

Cette boisson, dont plusieurs départements de l'ouest s'abreuvent ordinairement, est de diverses qualités suivant la nature du fruit ; elle est agréable à boire, et plusieurs consommateurs la préfèrent à beaucoup de petits vins. Le meilleur cidre se conserve bien et gagne en vieillissant, mais il est très capiteux et il peut incommoder les personnes qui n'y sont pas accoutumées. Son influence sur l'alimentation des consommateurs dont le cidre n'est pas la boisson ordinaire, est d'agir sur le tube digestif et de précipiter rapidement avec lui les substances nutritives ; on peut en conclure qu'il n'a pas les propriétés caloriques du vin et qu'il ne peut le remplacer avec des propriétés égales.

Le POIRÉ est le produit de certaines qualités de poires ; on le consomme peu en nature, son goût qui est celui de son fruit, se rapproche beaucoup de celui du cidre ; et, comme cette dernière boisson, il n'a pas plus de propriétés alimentaires. La nature de ce liquide lui donne la faculté de pouvoir se mêler avec des petits vins blancs auxquels il communique une saveur dite moustille qui n'est pas sans agrément.

Hydromels.

L'HYDROMEL, ainsi que son nom l'indique, est un produit du miel étendu d'eau soumis soumis à la fermentation et dont la qualité est d'autant meilleure que le miel est plus fin et, en plus grande quantité. En Russie on fabrique des hydromels qui ont un très bon goût, du corps et un bouquet agréable.

On fabrique aussi des hydromels avec du miel, des raisins secs et divers autres fruits, suivant la nature de ces différentes matières et leur qualité relative ; la boisson obtenue peut être saine, agréable et d'une certaine conservation. C'est une excellente boisson de ménage.

Des Sirops.

Les sucres, mélasses et cassonnades fondus dans l'eau sont désignés sous le nom de sirop simple. On le prépare en faisant dissoudre, à chaud ou à froid, les sucres dans une quantité d'eau dans la proportion de cinq cents grammes pour un kilogramme de sucre. Pour conserver un sirop simple il est nécessaire de le faire cuire : le degré à atteindre dans ce but est le moment où, en retirant une goutte du sirop qu'on place entre l'index et le pouce, et écartant ces deux doigts, il se forme un filet d'une certaine consistance. Le meilleur sirop vient toujours du plus beau sucre, c'est-à-dire le mieux raffiné ;

ce sirop se maintient clair et ne cristallise pas, mais il a une légère teinte ambrée qui le rend impropre à fabriquer des liqueurs très blanches ; dans le cas où on tiendrait à cette propriété, la dissolution à froid ou à feu très doux est indispensable.

Les sirops qu'on destine à sucrer les liqueurs colorées peuvent être préparés avec des sucres moins purs que ceux que l'on emploie pour les liqueurs blanches comme l'anisette, le noyau et quelques autres, mais il est bon qu'ils soient cuits pour atténuer au moins leurs dispositions à cristalliser. La proportion dans laquelle on les emploie varie de 15 à 25 pour cent pour les liqueurs dites *sèches*; 30 à 40 pour cent pour les liqueurs douces et 50 à 60 pour cent pour celles qu'on désigne sous le nom de *crèmes.*

Quant aux sirops composés dont la nomenclature est grande, on fait fondre et cuire le sucre dans 500 grammes de sucre de fruits ou du produit de différentes infusions. Un sirop bien cuit doit peser 30 degrés lorsqu'il est bouillant et 35 degrés à froid au pèse-sirop de *Beaumé.*

Café.

LE CAFÉ est devenu d'une importance considérable, tant par l'immense quantité qu'on en consomme que pour l'influence qu'on lui attribue sur l'économie des organes de ses nombreux amateurs, car on peut dire qu'il plaît presque à tout le monde, et que beaucoup de personnes qui en ont l'habitude, éprouveraient à en être privées une véritable souffrance ou un trouble certain dans leurs fonctions digestives.

Le café se présente dans le commerce sous des aspects si multiples de qualités, et pourtant si peu nombreux quant à sa forme extérieure, qu'il est presque impossible d'obtenir la preuve certaine qu'on possède réellement la qualité demandée ; jai même entendu un négociant affirmer qu'un bon trieur peut obtenir d'un sac de café qui arrive en Europe, toutes les variétés, au moins en apparence, des cafés récoltés dans tout l'univers. Il est donc assez difficile de préciser la qualité extérieure de ce produit qu'on n'apprécie bien qu'en le goûtant.

Les sortes les plus estimées sont : le MOKA, le MARTINIQUE, et le BOURBON ; le premier est très parfumé, mais manque de corps ; le second a assez de corps, et ce qu'on pourrait appeler beaucoup de séve ; le troisième a beaucoup de corps et de moelle. Ces trois sortes mêlées dans une proportion plus ou moins variable, soit qu'on les torréfie ensemble ou séparément fournissent, au plus haut degré, la qualité qu'on recherche dans cette boisson.

La manière de préparer le café a une grande influence sur son mérite. Il doit être torréfié à un feu égal, à la flamme plutôt qu'au charbon, et pendant un temps suffisant pour que le cœur du grain soit atteint également. Lorsque l'opération est terminée, il faut étendre le grain sur une table froide ; le saisissement causé par ce brusque changement de température arrête l'évaporation des parties aromatiques du café.

Pour réduire le grain en poudre, on emploie des

moulins à mains qui ont presque toujours l'inconvénient de rendre cette poudre trop fine; le café trop pulvérisé est toujours relativement à sa qualité beaucoup moins bon que le café concassé, attendu que plus la poudre est fine, plus elle prête à la dissolution de principes âcres ou amers qui nuisent au bon goût de cette boisson, et masquent la finesse de son arome.

L'eau doit être jetée bouillante sur la poudre; la vapeur serait préférable, mais dans aucun cas, l'eau ou la vapeur ne doivent séjourner sur la poudre; elles ne doivent que passer, car les huiles essentielles qui forment le parfum sont dissoutes rapidement, et comme c'est le parfum qui fait le mérite du café, on s'exposerait à dissoudre les principes dont il vient d'être question si l'infusion durait trop longtemps. Il n'est pas indifférent de s'assurer de la pureté de l'eau qu'on emploie pour préparer le café; si cette eau contient en plus ou moins grandes quantités des sels ou certaines matières organiques en suspension ou en combinaison, elle donnera un résultat qui sera d'autant moins parfait.

Ce qu'on appelle la *repasse* ou deuxième infusion, n'a de valeur que pour foncer la couleur; on peut même assurer que cette repasse chargée des parties âcres ou amères du café n'est pas assez pure pour dissoudre convenablement les huiles essentielles, ou tout au moins qu'elle en diminue la finesse.

On fait divers mélanges de café avec la chicorée, le fruit du caroubier, le gland doux et la châtaigne, ces produits bien torréfiés peuvent avoir leur mérite au goût de certains amateurs.

Du Thé.

Le thé est, après le café, et presque dans le même ordre d'usage, la boisson la plus répandue. On lui attribue des propriétés excitantes qui le rendent propre à faciliter les fonctions de l'estomac dans les cas de digestion pénible. Plusieurs peuples le prennent comme boisson d'ordinaire pendant le repas; les Anglais en usent beaucoup de cette manière dans les repas légers et intermédiaires. En France, c'est ordinairement comme boisson d'agrément, et plus généralement comme tisane qu'on en fait usage.

Il existe une grande variété de thés; les plus estimés sont ceux qui viennent par terre, la mer ayant, dit-on, quelque précaution qu'on prenne, l'inconvénient de nuire à la finesse de leur parfum; cela expliquerait la faveur de ceux que la Russie expédie par voie de terre.

La manière de préparer le thé aide beaucoup à sa bonne qualité; l'infusion doit être faite avec de l'eau bouillante, la quantité de feuilles proportionnée au nombre de tasses à servir est une condition de rigueur; il ne faut pas ajouter de l'eau sur cette première infusion sous peine d'altérer la qualité; il est bien préférable de recommencer avec des feuilles nouvelles. Il est urgent pour avoir du bon thé de ne le préparer qu'au moment de le servir; en laissant cette infusion séjourner longtemps sur les feuilles ou en les faisant bouillir, on s'expose non-seulement à n'obtenir qu'une boisson médiocre, mais encore à dissoudre certains principes âcres qui peuvent incommoder.

Tisanes.

Je n'ai nulle intention de pénétrer dans le domaine de la médecine, où je pourrais, à juste raison, être accueilli comme un intrus ; mais si quelque bon docteur lit ce modeste ouvrage, il n'en voudra pas à l'auteur des quelques indications qui suivent et qui, tout élémentaires qu'elles sont, n'ont pas le mérite d'être très répandues.

Selon ce qu'on veut obtenir des substances ordonnées pour faire une tisane, il faut opérer : 1° par infusion, c'est-à-dire verser le liquide très chaud sur la substance et l'éloigner du feu s'il s'agit de saturer le liquide des parties aromatiques ou balsamiques contenues dans les fleurs des plantes ; 2° par macération, en laissant en contact avec la chaleur jusqu'à l'ébulition le liquide où on a jeté les substances, telles que feuilles, tiges ou graines tendres des diverses plantes ; 3° enfin par décoction, en faisant bouillir dans l'eau, pendant un temps plus ou moins long, les substances indiquées, s'il s'agit d'en obtenir le mucilage ou autres principes extractifs qui ne cèdent qu'à une immersion prolongée et à un degré élevé de température, comme les racines, les tiges ou grains durs et autres substances.

L'usage des tisanes n'est favorable que dans les cas où les médecins les prescrivent ; les personnes

qui, sans motifs sérieux, en font un usage habituel,
ne parviennent qu'à débiliter leur estomac sans
compensation aucune pour leur santé.

Vinaigres.

Il est plus que probable que la nature du vinaigre
s'est révélée d'elle-même aussitôt que l'art très ancien de faire le vin a été connu. Ce liquide, livré à
lui-même et mis au contact de l'air, surtout à une
certaine élévation de température, tourne à la fermentation acide plus ou moins rapidement.

Le vinaigre est devenu le condiment indispensable du riche comme du pauvre, pour donner de
la sapidité aux substances nutritives animales ou
végétales qui en sont dépourvues.

Bien que le nom de ce liquide indique son origine, et que la France, pays essentiellement vinicole, en produise des quantités considérables, le
prix élevé des vins, depuis que les funestes effets
de l'oïdium se sont manifestés sur ce produit, a pro-
voqué la fabrication des vinaigres au moyen d'autres
substances.

Le vinaigre de vin est sans contredit le meilleur
de tous. Celui qui provient du vin rouge a plus de
corps, est moins sec et conserve mieux un goût
vineux que le vinaigre fait avec des vins blancs
dont on emploie généralement les basses qualités.
Le rouge a de plus l'avantage de se conserver et de
rester plus clair à cause du tannin qu'il renferme,
mais sa couleur plaît assez peu. Toutes ces conditions et la recherche dont les vins rouges sont plus

généralement l'objet que les vins blancs même égaux en valeur, explique la petite quantité de vinaigre rouge en regard de la très grande proportion des vinaigres de vins blancs que l'on vend.

Plusieurs départements, qui récoltent des vins blancs d'une qualité médiocre, préparent et font commerce du vinaigre ; celui dont la réputation est le plus justement établie, est le vinaigre d'ORLÉANS ; les vins qui servent à le fabriquer sont généralement plus francs de goût que ceux des autres contrées, et il doit être mis en principe que le bon goût du vin est indispensable à produire du bon vinaigre. Néanmoins, tous les vinaigres d'Orléans, qu'on vend sous ce nom et fabriqués sur son territoire, ne sont pas le produit exclusif de ses vins ; le Midi et quelques autres contrées de l'Ouest envoient leurs petits vins blancs à un grand nombre de vinaigreries de cette ville ou de ses environs ; mais que ces vinaigres proviennent des vins du pays, purs ou mélangés avec ceux qui ont été expédiés d'ailleurs, ils sont toujours cotés plus haut que ceux des autres centres de fabrication. Les lies de vins, les marcs de raisin peuvent aussi donner un assez bon vinaigre.

Toutes les matières propres à donner de l'alcool sont, à très peu d'exceptions près, bonnes à fournir du vinaigre lorsque, toutefois, elles ont subi la fermentation alcoolique ; les sucres, les fruits, le miel, les racines sucrées, le cidre, le poiré et les bières sont dans ces conditions.

L'acide acétique ou pyroligneux, connu dans l'industrie sous le nom de *vinaigre de bois*, est quelquefois frauduleusement vendu sous le nom de vinaigre ordinaire, soit qu'on le mélange avec du vinaigre de vin ou d'autre provenance, soit qu'on l'étende d'eau et d'un peu de vin blanc, soit encore avec de l'eau seulement, et un peu de crême de tartre ou de sel de nitre. Ce vinaigre, où l'acide acétique extrait du bois ou de la tourbe dans la fabrication du charbon entre dans des proportions d'un quart ou de moitié, ne semble pas avoir de grands inconvénients pour la santé, mais il sert à tromper sur la nature du produit et ne peut fournir les propriétés d'un bon vinaigre qui coûte assez cher, tandis que celui qui est composé avec l'acide est d'un prix très inférieur.

Les acides sulfurique, nitrique ou autres qu'on introduit quelquefois dans les vinaigres faibles pour en augmenter la force, peuvent avoir des résultats très graves pour ceux qui les consomment. Les personnes qui, par ignorance ou cupidité, seraient tentées d'avoir recours à ce mélange frauduleux, consomment ou vendent, sous le nom de vinaigre, un toxique qui peut causer les plus graves désordres sur les organes digestifs.

Pour préparer des vinaigres de table de qualité supérieure, certains vinaigriers emploient divers aromates dont la composition est le secret particulier de chacun d'eux ; ce bouquet est souvent fort agréable et il communique au liquide une saveur qui plaît d'autant plus que le vinaigre est plus vieux et que sa qualité première est meilleure. On emploie à cet effet, en proportions diverses, la canelle, le girofle, la vanille, le poivre de Cayenne, les graines de Coriandre, de Paradis et de Carvi, le calamus aromaticus, la fleur de sureau et le sel de cuisine.

L'Eau.

L'eau, la première comme la plus universelle des boissons, est très variable dans sa composition comme dans ses propriétés, selon le sol où elle coule et les sources qui la fournissent. Elle est plus ou moins chargée de sels divers ou de détritus organiques qu'elle tient en suspension ou en combinaison.

A l'état le plus pur, l'eau n'a pas de sapidité; son influence sur l'organisation de l'homme n'a d'autre effet que de remplacer les sucs fournis par les organes qui les secrètent, mais elle ne contribue en rien à la réparation des forces. C'est un agent mécanique, et rien de plus.

Les eaux dont la pureté est altérée par des sels de chaux à l'état de carbonates, phosphates ou sulfates, des substances organiques en dissolution, sont plus ou moins nuisibles à la santé; et il faut bien dire que ces eaux sont celles qu'on rencontre le plus souvent. Il est donc nécessaire de corriger leur influence malsaine en les vaporisant par la distillation, en les filtrant le plus possible, ou encore en les mélangeant avec du vinaigre, du vin ou toute autre boisson alcoolique qui neutralise ses effets, ou tout au moins en corrige le goût désagréable.

L'eau pure par excellence est celle que la pluie fournit; elle a été vaporisée par l'action de la chaleur et a été dégagée des impuretés qu'elle pouvait contenir. Cette eau, très bonne à boire, est aussi très précieuse pour les réductions d'alcool, pour la fabrication des liqueurs et des sirops. On se plaint que certaines eaux-de-vie ne peuvent pas devenir limpides; cet effet tient souvent à des substances qui se trouvent dans l'eau et que l'alcool ne dissout qu'imparfaitement.

L'eau est encore l'étalon des mesures de capacité et celui de la densité ou pesanteur spécifique des liquides. Un litre d'eau correspond à 10 centimètres cubes en volume et à 1 kilogramme en poids.

L'*eau de Seltz* agit sur la digestion par l'acide carbonique qu'elle contient. Ce gaz agit mécaniquement sur les molécules des substances nutritives en les soulevant et en en favorisant l'assimilation; mais un usage trop prolongé irrite les papilles nerveuses de l'estomac et peut, à la longue, provoquer des dyspepsies ou des gastrites.

De la Dégustation.

De tous les êtres organisés, l'homme est, à coup sûr, celui qui a le moins l'instinct naturel des substances alimentaires qui conviennent à son organisation; cette disposition originaire de ses facultés l'oblige à examiner avec attention ce qui est nécessaire à ses besoins ou à agir par imitation de ses semblables ou suivant la tradition de ses devanciers.

Goûter du vin pour en déterminer le mérite ou les défauts n'est pas chose aussi aisée qu'on pourrait croire. L'étude et la réflexion dans l'analyse des sensations produites par la dégustation sont d'une nécessité absolue, et il n'est à la portée que des hommes accoutumés à cet exercice d'en tirer d'utiles conséquences.

Tout le monde peut se prononcer sur la convenance du goût d'un liquide, mais le vrai dégustateur peut seul se prononcer avec quelque certitude sur ses propriétés et son caractère réel. Tel vin agréable aujourd'hui peut cesser de l'être demain, sous la moindre influence fâcheuse à sa constitution, et revenir plus tard à son premier état favorable.

Trois de nos sens concourent à l'appréciation des liquides :

1° LA VUE. — Si un vin est limpide, sa couleur ressort tout entière; s'il est plus ou moins trouble, on peut pressentir qu'il tient en suspension des matières non solubles dont l'influence peut déterminer un état de fermentation qui pourra amoindrir sa valeur.

2° L'ODORAT sert à distinguer le bouquet ou parfum qui caractérise les vins des différents territoires vignobles; selon le degré de température où se trouve le liquide examiné, son âge où sa finesse, le bouquet se dégage plus ou moins intense et il est plus ou moins persistant.

3° LE GOUT est le juge en dernier ressort; mais il en est aussi le sens dont les opérations sont le plus compliquées. Il ne suffit pas d'avaler ou de rejeter le liquide, il faut goûter avec soin. La langue, les joues, les gencives et l'arrière-bouche communiquent leur impression selon l'organisation qui leur est propre. La langue sert à retourner, diviser et macérer le liquide, les papilles nerveuses dont elle est tapissée, agissent comme agents mécaniques et impressionnables tout à la fois. Les joues fournissent, par les glandes salivaires, un suc plus ou moins neutre, alcalin ou acide qui dissout les molécules du liquide éprouvé. L'arrière-bouche est la *cornue* où vient aboutir le produit de cette décomposition ; c'est là que les fosses nasales viennent prêter leur concours olfactif et où toutes les propriétés sont analysées ; c'est dans ce dernier refuge que la séve se développe d'abord, bien qu'elle survive à la déglutition ou au rejet du liquide étudié.

Pendant que l'acte de la dégustation s'accomplit, le dégustateur doit réfléchir et garder dans sa mémoire le souvenir de toutes les impressions produites sur la langue, les joues, les gencives, et surtout l'arrière-bouche ; il doit enfin *s'écouter goûter* avec une grande attention ; en rapprochant de ce dernier acte les impressions produites par l'office préliminaire de la vue et de l'odorat, il pourra donner une conclusion certaine à son opinion sur le mérite d'un vin ainsi analysé. Cette opinion sera d'autant mieux fondée que ses sens seront plus délicats et qu'il aura une plus grande habitude de cette opération. C'est donc en observant avec attention ce qui vient d'être dit qu'on peut parvenir, avec un peu de pratique, à distinguer le caractère général et particulier des vins des différents pays et les vins mélangés et sophistiqués de ceux qui sont en nature et francs de goût. Les dégustateurs de Bordeaux sont, sans contredit, les premiers du monde, et on ne pourrait leur opposer, pour la sûreté de leur goût, que quelques amateurs, parmi les gens du grand monde, dont la délicatesse des sens et l'habitude de boire de grands vins constituent de vrais connaisseurs ; mais si ces derniers peuvent établir les nuances de supériorité des vins soumis à leur jugement avec connaissance de cause, ils n'ont pas à un égal degré la faculté d'établir les nuances du caractère de chaque cru et de chaque récolte. Le dégustateur bordelais ne goûte que les vins de la contrée pour laquelle il est nommé, et c'est toujours à jeûn et en parfait état de santé. Si une cause quelconque vient ou modifier ou atténuer ses facultés pour un moment, il déclare n'être pas *en goût*, et l'appréciation est renvoyée à un temps plus favorable. L'observation rigoureuse de toutes ces conditions est d'autant plus indispensable que ces dégustateurs ont à se prononcer sur les produits, presque égaux en mérite de deux propriétaires voisins et rivaux quelquefois ; il faut pourtant établir la cote ou valeur proportionnelle du vin de chacun d'eux, et on comprend toute l'attention et la sûreté d'appréciation dont ces dégustateurs ont à faire preuve.

On peut se faire, par ce qui précède, une opinion sur la difficulté qu'il y a, pour le consommateur en général et en particulier pour celui qui est éloigné de tout centre vignoble, de connaître non-seulement les vins de différents crus, mais encore de distinguer ces mêmes vins en nature de leur imitation bien réussie, surtout en présence de ce fait qu'il y a en France 2,200,000 propriétaires de vignes dont les produits diffèrent entre eux ; si peu perceptible qu'en soit la nuance elle se manifeste par la comparaison.

De tout cela il faut conclure pour le commerçant qu'il doit s'exercer à goûter les liquides de son commerce pour en déterminer les propriétés et la valeur relative qu'ils offrent, chose qui lui sera d'autant plus facile qu'il est toujours en présence du sujet. Quant au consommateur dont l'instruction à cet égard serait trop longue à faire, il peut choisir parmi les maisons honorables et assez nombreuses, quoi qu'en disent certains critiques, celle qui le fournira le mieux à son goût et le traitera le plus favorablement sous le rapport du prix.

Magasins, Chais, Celliers et Caves.

Le MAGASIN est un local à fleur de sol ou légèrement creusé où un marchand range les vins en pièces ou en bouteilles qui sont destinés à être vendus et où les acheteurs viennent les goûter ou les reconnaître : ils doivent être sains, frais, proprement tenus et peu éclairés.

Le CHAI est la portion de bâtiment qu'un propriétaire destine à l'emplacement des cuves et pressoirs où on foule, presse et laisse fermenter la vendange. Il doit ouvrir au nord et être maintenu, autant que possible, au plus égal degré de température.

Le CELLIER est le local où un propriétaire place les vins de sa récolte après leur sortie de la cuve, cet emplacement fait trop souvent suite au chai dont il devrait être éloigné lorsque les propriétaires

conservent plusieurs récoltes, attendu que la fermentation de la vendange dans leur voisinage,
peut provoquer une fermentation qui, si elle n'est
pas nuisible, oblige à des frais de soutirage dont
on eût pu se dispenser avec une meilleure organisation.

La CAVE est généralement le dernier logement
du vin qui n'en sort que pour être consommé,
c'est là aussi que se prolonge plus ou moins le sé-
jour de ce liquide et où s'accomplissent les phases
les plus importantes de son amélioration. On doit
donc s'attacher à avoir une cave qui réunisse le
mieux possible toutes les conditions désirables et
qui sont, d'après le savant *comte Chaptal*, d'être
creusée à une profondeur de quatre mètres sous la
clef de voûte; l'entrée, si elle n'est pas dans la
maison, doit être au nord ou à l'est; elle doit être
saine, peu humide; les soupiraux ne doivent pas
dépasser les proportions utiles pour l'assainir sans
l'éclairer, il faut même les fermer lorsque la température de la cave, qui ne doit pas dépasser dix degrés centigrades, tend à se mettre en communication avec la température extérieure plus haute ou
plus basse. Il ne faut pas perdre de vue que les
alternatives de chaleur ou de froid compromettent
la conservation des vins en provoquant un état de
fermentation nuisible; le voisinage des métiers à
marteaux, le passage fréquent des voitures sur le
pavé voisin de leur niveau supérieur produisent un
effet analogue; la proximité des écuries, des fosses
d'aisances et des dépôts de fumier et d'immondices
est des plus pernicieuses. La propreté dans une

cave est de rigueur, un détritus de légume ou de
fruit en putréfaction peut communiquer un mauvais
goût aux vins. Enfin les chantiers ou tins sur lesquels sont placés les fûts doivent être assez élevés
et éloignés des murs pour laisser l'air circuler libre-
ment en dessous, derrière et par côté. Les ustensiles
qui servent à opérer sur les vins les divers soins
qu'ils réclament, doivent être très proprement tenus
et placés de manière à n'avoir aucun contact permanent avec le sol ou avec les murs.

Soins à l'arrivée des liquides.

Toute personne qui reçoit une marchandise à elle
expédiée est censée en avoir fait la demande : si
donc un marchand de vins ou un consommateur
reçoivent des liquides à leur destination, ils ont le
devoir de les refuser s'ils ne les ont pas demandés;
dans le cas contraire, tout envoi doit être examiné
par le destinataire, il doit faire constater les avaries,
s'il y en a, et l'infériorité de la qualité si elle existe;
à défaut de la présence de l'expéditeur et si personne ne se présente pour lui, il est prudent de refuser l'envoi. La prise de possession équivaut à
l'acceptation et on ne pourrait ultérieurement se
prévaloir d'une moins value qui n'eût pas été régu-
lièrement constatée et reconnue par l'expéditeur.
Lorsqu'il n'y a pas lieu à réclamation dans ce cas,
le destinataire doit s'assurer que toutes formalités
de régie ont été observées.

Les vins, surtout ceux qui viennent de loin, ont
subi, dans le cours du transport, les influences

plus ou moins fâcheuses des changements de température, des secousses causées par les voitures et
surtout les chemins de fer ; ces circonstances peuvent influer sur le mérite des vins à leur arrivée et
même les altérer sensiblement ; ils ont besoin, dans
tous les cas, de soins plus ou moins pressants ; s'ils
sont louches, il faut les coller et s'ils ne sont que
fatigués, il faut les laisser reposer, et, dans l'un et
l'autre cas les soutirer aussitôt qu'ils sont devenus
limpides. Les lies qui se détachent du vin pour les
causes qui viennent d'être exposées sont plus légè-
res que celles qui se précipitent au repos et sans
dérangement ; à la plus faible cause de fermentation
elles peuvent remonter dans la masse du liquide et
influer fâcheusement sur sa qualité et sa conservation.

Lorsque les vins ont été soutirés on doit les placer
sur les chantiers en ayant soin d'incliner la bonde
de manière à la noyer dans le vin, afin d'intercepter
toute communication avec l'air extérieur au moins
pour les fûts qu'on ne remplit pas tous les mois ; si
la bonde se trouve dessus, le bois en se desséchant
laisse, entre la bonde et l'orifice du tonneau, un
passage par lequel l'air pénètre et vient se mettre
en contact avec les couches supérieures du liquide
qu'il altère plus ou moins selon le temps que dure
cette situation.

Collage, Fouettage, Clarification.

Ces trois expressions parfaitement synonimes si-
gnifient une opération qui a pour objet de débarras-

ser les vins des matières qu'ils tiennent en suspension, qui en masquent la limpidité, le bon goût, et dont la présence prolongée pourrait devenir une cause d'altération. Ces matières sont les lies qu'on précipite au fond des tonneaux au moyen de diverses substances qui ont la propriété de les détacher et de les entraîner quand on mêle, aussi-intimement que possible par une agitation énergique, ces substances dans la masse du vin. Parmi ces dernières, celle qui obtient la préférence la plus générale est le blanc d'œuf bien frais battu en neige. On se sert pour les vins blancs de colle préparée avec de la gélatine, la colle de Flandre, la colle de poisson, de Russie. Pour les vins rouges trop louches ou trop colorés on emploie le sang chaud des animaux. Diverses poudres diversement préparées se partagent le suffrage des marchands de vins et des propriétaires.

Quel que soit l'agent clarificateur, la manière de l'employer est toujours la même. Il faut retirer du fût à coller une quantité de liquide qui laisse un vide suffisant pour y introduire la colle et pouvoir agiter fortement en tout sens, sans en répandre, la masse du liquide afin de l'y faire pénétrer le plus possible. On remplit ensuite le tonneau avec le vin qu'on en a retiré, en ayant soin de battre les parois extérieures de douves de façon à abattre la mousse qui se forme avec abondance, et à chasser l'air qui aurait pu pénétrer dans le liquide ; il faut continuer ainsi jusqu'au moment où le fût est bien plein, et que la mousse a disparu dans le tonneau. Si on opère sur un vin vieux et qui ne semble pas devoir fermenter, on peut assujettir la bonde ; si, au contraire, le vin est nouveau et qu'il semble en état de fermentation, il est bon de ne placer la bonde que légèrement de manière que la pression extérieure de l'air aide à précipiter la colle, et neutraliser les dispositions au *travail* que le vin annonce. Il est même des cas où il est utile de ménager au moyen d'un trou de foret, une issue au gaz qui se forme.

Mise en bouteilles.

Cette opération mérite plus de soins qu'on le suppose assez généralement. L'indifférence en cette pratique, cause plus de désappointements qu'on n'est disposé à lui en attribuer. Loger un liquide composé comme le vin dans un espace où il peut demeurer un temps plus court ou plus long, mais où il sera constamment en contact avec les causes qui peuvent avoir tant d'influence sur les qualités qu'il peut acquérir, est une question pourtant capitale. Si elle intéresse le consommateur au plus haut point, elle n'est pas moins importante pour le fournisseur qui peut parfaitement, malgré la loyauté de ses livraisons et leur qualité certaine; ne recevoir que des reproches et perdre de bons clients, parce que ceux-ci n'auront apporté aucune attention aux soins que cette boisson exige; le consommateur est trop disposé à mettre à la charge du fournisseur tous les inconvénients qui résultent de sa fourniture, pour chercher ailleurs la cause du mauvais état de son vin ; il a pourtant d'assez fréquents rapports avec ce liquide, et l'un se présente assez souvent pour être consommé aux yeux de celui qui le consomme pour éveiller sa sollicitude, et l'engager à l'entourer de toutes les circonstances qui sont de nature à l'améliorer.

Avant de procéder à la mise en bouteille, on doit s'assurer que la colle, avec laquelle on doit invariablement traiter tout vin qui a voyagé, quelque limpide qu'il paraisse, a fait son effet, que le vin est brillant, à ce point que les sommeliers de Paris appèlent *nif*. Cette situation constatée affirmativement, on pose la canelle un peut avant de tirer, quelques heures si c'est possible ; on met de côté la première bouteille qui a dégorgé la canelle, car elle peut avoir rencontré un peu de lie dans la couche inférieure du liquide. Il faut boucher au fur et mesure que l'on tire pour éviter autant que faire se peut, le moindre contact du vin avec l'air. Le bouchon, soit qu'on bouche à la mécanique, soit à la main, devrait avoir été préalablement trempé dans de la bonne eau-devie, afin que tous les contacts que ce bouchon pourraient avoir eus, ou la poussière dont il serait plus ou moins couvert, soient neutralisés dans les effets nuisibles qu'ils pourraient avoir sur les vins. Il est essentiel que les bouchons soient de bonne qualité, assez élastiques pour être bien comprimés, de manière que s'appuyant fortement contre les parois du goulot de la bouteille, ils empêchent absolument tout épanchement du liquide et que l'humidité ne puisse pas les pénétrer. Il est d'autant plus impérieux d'observer toutes ces conditions que le vin est de plus grande qualité, et qu'il est destiné à une longue conservation.

Le choix des bouteilles mérite de fixer l'attention, car si elle ont été mal fabriquées, le liquide qu'elles sont destinées à contenir peut en ressentir une influence fâcheuse pour sa qualité ou sa conservation ; il faut aussi avoir soin de les prendre de mêmes formes et dimensions, pour pouvoir les empiler sans craindre que la pression des couches supérieures ne fasse casser celles qui dépasseraient le niveau du plus grand nombre ; il est utile d'examiner si l'entrée du goulot n'a pas le bord intérieur trop tranchant, ce qui empêche le bouchon de pénétrer.

Rincer avec soin les bouteilles est une chose indispensable, la moindre impureté ou des parcelles de lie qui y resteraient, sont autant de causes qui peuvent nuire au vin et le faire aigrir ; il faut les passer au plomb ou au goupillon, et ne pas ménager l'eau pour amener leur transparence complète. Lorsqu'on emploie les eaux de pompe ou autres qui ne sont pas très claires, il serait prudent de les rincer vingt quatre heures à l'avance, et les mettre à égoutter en les renversant jusqu'au moment de les remplir ; mais dans le cas où cette opération ne serait pas praticable aisément, il faut rincer la quantité nécessaire pour toute la pièce, les renverser pour les égoutter à mesure, et commencer à remplir par les premières bouteilles nettoyées. Dans ce dernier cas, et, surtout si l'eau laisse à désirer, il serait prudent de passer un peu de bonne eau-de-vie dans la bouteille pour atténuer le mauvais goût de l'eau qui a servi à les rincer. Un demi-litre est suffisant pour trois cents bouteilles ; pour opérer plus vite et plus utilement, on verse toute cette quantité dans la première bouteille, et on la reverse après qu'elle a suffisamment mouillé toutes les parois du verre dans la bouteille suivante et ainsi de suite. Cette méthode exige sans doute plus de temps, et les sommeliers à façon ne pourraient y avoir recours sans préjudice pour eux, s'ils n'étaient rémunérés en conséquence, mais le propriétaire du vin tiré avec ce soin, trouverait une large compensation dans la qualité de son vin s'il consentait à faire le petit sacrifice de la différence du prix du temps et de l'eau-de-vie.

Les canelles de petites dimension sont toujours préférables pour la mise en bouteille; leur bec d'écoulement doit être en rapport avec l'orifice du goulot de la bouteille, afin que l'air qui s'y trouve et que le liquide chasse puisse sortir sans effort ce qui fait épancher le vin hors de la bouteille. Le jet de la canelle doit être dirigé contre les parois du verre de façon à amortir le choc du vin contre lui-même, car il en résulte une agitation qui a pour effet de provoquer une fermentation plus ou moins sensible; les maladies que les vins font en bouteilles, alors même que toutes les autres conditions ont été bien observées, n'ont souvent pas d'autres causes. S'il s'agit d'un vin de grande qualité et qu'on veut conserver longtemps, il faut redoubler de précautions; ouvrir très peu la canelle, incliner plus encore la bouteille pour rendre le choc aussi doux que possible, sont autant de règles qu'il faut observer.

Lorsque le vin est mis en bouteille, il faut l'em-

piler ; divers procédés sont en usage ; le sable dont
on recouvre les couches est suivi pour de petites
quantités, mais ne peut servir à un grand nombre ;
on se sert de lattes en bois pour séparer les couches
que l'on superpose ; on met les bouteilles dans des
cases en bois qui sont fixées tout le long des murs
des caves, ou bien encore, depuis quelques années,
on emploie, à cet objet, des casiers en fer ou en
bois où chaque bouteille peut être isolément placée
ou déplacée. Ces casiers sont ouverts ou fermés au
gré de ceux qui veulent en faire usage ; ils sont
d'un emploi aussi utile que commode, surtout lorsqu'on veut ranger dans un seul et petit espace plusieurs espèces ou qualités de vin ; selon leur carac
tère on peut les placer près du sol ou à une certaine élévation ; l'air entoure la bouteille de toutes
parts, et le bouchon se trouve à l'abri de l'humidité
et de la moisissure ; comme on peut les fermer à
clef, on peut mettre les bouteilles de vin précieux à
l'abri de l'indiscrétion ou de l'infidélité des personnes qu'on a le désir ou le besoin d'envoyer seules
à la cave.

On goudronne le bouchon et la bague du goulot
de la bouteille pour conserver le bouchon et surtout
pour reconnaître, par la variété des couleurs, les
différentes sortes de vins qu'on a en cave. La plupart des consommateurs n'ont même gardé aucun
souvenir de la provenance de ce liquide qui s'est
naturalisé chez eux par la couleur du cachet ; il se
produit même quelquefois des confusions assez sin-
gulières à Paris, surtout où les déménagements sont
fréquents. Les caves qui n'y sont pas en général

dans toutes les bonnes conditions indiquées à leur chapitre, décomposent la couleur du goudron et rendent le signalement du bon vin assez difficile à reconnaître, à ce point qu'il arrive que le vin d'entremets va à la cuisine et que le petit vin d'ordinaire le remplace à la salle à manger.

Conseils hygiéniques sur la consommation des boissons.

LE VIN. — Selon son âge et sa qualité, cette précieuse liqueur peut ranimer les forces de l'homme affaibli ou convalescent, ou concourt avec efficacité à sa nourriture en l'état de santé; il aide à la division des aliments avec les sucs desquels il se mêle, en augmente le calorique et la puissance de circulation dans tous les canaux de l'organisme humain. L'habitude modérée du vin dispense d'un volume proportionnel de nourriture; elle facilite la digestion, et, par ce fait dégage le cerveau des fatigues que le travail pénible de l'estomac lui ferait éprouver.

Les vins sont tellement variés d'espèces en France, qu'il est impossible d'assigner les propriétés hygiéniques, non-seulement de chacune d'elles, mais encore de celles de chaque territoire. On ne peut donc les définir à cet égard que par leurs caractères généraux.

Les vins rouges sont plus nourrissants que les blancs; leur assimilation qui se fait plus lentement, leur donne la propriété de mieux se combiner avec

les aliments. Les vins blancs se précipitent plus rapidement parce que leurs principes constitutifs
sont plus déliés; ils excitent le système nerveux et
agissent sur les voies urinaires.

Les vins rouges ont selon leur nature des propriétés diverses; ceux qui sont vieux et de bonne
qualité et qu'on qualifie de vins fins, ont à un bien
plus haut degré que les vins nouveaux et communs,
la faculté de concourir à la digestion et de porter
plus rapidement le bien-être et la force dans tous
les organes. C'est le soutien des vieillards, l'éner-
gie des convalescents, la boisson des estomacs délicats ou fatigués et des personnes qui souffrent des
obstructions dans les viscères. En état de santé ce
genre de vin excite la gaîté; l'excès même qu'on
pourrait en faire ne cause que des indispositions
passagères. Bus à la dose dont les gens du monde
ont l'habitude, ces liquides ont la propriété d'exal-
ter le cerveau, d'éclaircir les idées, de rendre ai-
mable et communicatif, enfin, de faire développer
le caractère des buveurs; mais il est important de
s'arrêter quand ces facultés s'épuisent, alors que
le système nerveux commence à se mettre de la partie et que cette situation qu'on appelle une *ponite*,
commence à s'émousser. Alors le plaisir s'enfuit.
l'être raisonnable disparaît, l'homme ivre qui n'a
plus la conscience des actes le plus souvent mauvais qu'il commet, reste comme un blasphème contre
le divin jus.

Les vins ordinaires ainsi nommés parce que c'est
d'abord la plus importante quantité, et qu'ensuite
ce sont ceux de ce genre que l'on boit le plus ordi-

nairement en mangeant, n'ont pas les inconvénients des vins blancs, ni le montant et la légèreté des vins fins et des vins vieux ; selon leur origine et leur nature particulière, on les boit lorsqu'ils ont atteint leur seconde, troisième ou quatrième année ; n'ayant encore perdu qu'une faible partie de leur couleur et des autres principes toniques, ils sont plus nourrissants que les vins fins et supportent mieux les additions d'eau avec laquelle les consommateurs les boivent sur leur table.

Les vins très colorés, communs, grossiers, pâteux et forts, conviennent aux personnes qui se livrent à des exercices corporels et transpirent beaucoup ; ils sont très nourrissants et on peut les boire à plus haute dose que les précédents, attendu qu'ils portent bien plus lentement au cerveau ; mais lorsqu'il y a abus et qu'ils ont envahi cet organe, il est bien difficile de les en déloger, l'individu en cet état, n'a plus conscience de lui-même ; ses membres inférieurs sont comme paralysés, une torpeur semblable à un lourd sommeil s'empare de lui, et il reste là, où l'action se fait complétement sentir, *ivre-mort.*

BOURGOGNE ET BORDEAUX.

L'opinion publique et plusieurs médecins attribuent aux vins de Bordeaux et à ceux de Bourgogne des propriétés particulières qui doivent, dans certains cas, fixer la préférence des consommateurs. Le vin de Bordeaux à la réputation d'avoir certaines propriétés qui le recommandent aux estomacs délicats, à cause d'un sel de fer qu'il contient dans ses principes constitutifs; cela n'est pas parfaitement démontré, mais il est certain que le vin de ce pays est plus froid que celui de Bourgogne, qu'il est moins spiritueux et plus doux à boire. Le vin de Bourgogne peut parfaitement se consoler des avantages de son compétiteur, car lorsque celui-ci est au chevet d'un malade ou près du fauteuil d'un convalescent, le Bourgogne entend chanter les gais refrains, il se repait du cliquetis des verres et de la gaîté de ses adorateurs; il n'y a qu'une chose qui peut troubler sa joie, c'est que les femmes et les enfants lui préfèrent son concurrent. Il en résulte cette conclusion : qu'il faut boire le Bourgogne lorsqu'on est jeune et bien portant, et conserver le Bordeaux pour ses vieux jours et pour les gastrites qui ne font jamais défaut de quarante-cinq à cinquante-cinq ans. Touchant par mon lieu de naissance et par mes relations avec le Bordelais, je ne puis m'empêcher d'ajouter que, si le vin de Bourgogne avait l'humeur aussi voyageuse que celui de Bordeaux, les navires qui sont dans la magnifique rade de cette ville réserveraient une bonne place au Bourgogne qui est le RUBIS des produits de la France, comme le Bordeaux en est la POURPRE.

LA BIÈRE. — Lorsqu'elle est bien fabriquée et que sa fermentation est complète, la bière peut utilement et plus ou moins agréablement remplacer les petits vins, mais elle n'en a pas les propriétés toniques et excitantes ; elle entrave plutôt la digestion qu'elle la facilite; les personnes qui n'y sont pas accoutumées de longue date éprouvent toujours quel-

que dérangement à en faire usage pour les repas ;
plus froide, moins déliée dans les principes qui la
composent, son assimilation est plus lente et le travail de l'estomac, par conséquent, plus pénible ;
les premières qualités des bières Anglaises, Belges
et Allemandes n'ont pas tous ces inconvénients ; la
richesse de leurs principes constitutifs et le soin
qu'on apporte dans leur fabrication, les rendent
plus salubres que la grande masse de bières de toutes
qualités que l'on fabrique presque partout, mais en
aucun cas, elles ne peuvent concourir à la nourriture de l'homme avec la même efficacité que le vin
le plus ordinaire. La bière dite de table, qui est
généralement livrée à la consommation, est presque
toujours de fabrication récente plus ou moins limpide, trouble et même visqueuse ; si elle peut avoir
la propriété de désaltérer, elle n'est dans aucune
des conditions utiles pour concourir à l'alimentation. L'effet qui ressort le plus évident dans l'usage
de cette boisson, c'est de développer le système cel-
lulaire graisseux, d'obstruer les viscères et d'alour-
dir les fonctions du cerveau.

BOISSONS ALCOOLIQUES. — Les eaux-de-vie de
vin, *Cognac, Armagnac, Montpellier* et autres
congénères pris à doses modérées peuvent aider à
la digestion et même la rendre agréable par le calorique qu'ils contribuent à lui fournir ; mais alors
qu'on se trouve dans de bonnes conditions de santé ;
un estomac délicat ou fatigué ne peut trouver, dans
l'usage de ces boissons, qu'une aggravation de son
malaise. Les élixirs et quelques liqueurs traitées
d'après le système de l'infusion qui permet de dis-

soudre des principes astringents ou toniques peuvent agir favorablement sur les organes digestifs en les excitant dans certains cas et en activant, dans d'autres, la puissance de la circulation. Toutes autres boissons alcooliques liqueurs, eaux-de-vie composées, extraits divers de quelque nature qu'ils soient ne peuvent être que des boissons agréables pour ceux qui n'en font pas abus, mais sans efficacité utile pour l'économie des fonctions vitales. Les eaux-de-vie communes, les liqueurs très parfumées et sucrées avec des sirops de basse qualité sont plus nuisibles qu'utiles; les eaux-de-vie de grain, de betterave ou de pomme de terre ont plus d'effets irritants que de propriétés toniques ; les liqueurs de médiocre qualité sont chargées de la portion la plus lourde des huiles essentielles qui sont elles-mêmes assez indigestes, le sirop qui sert à les sucrer concourt encore à former une boisson épaisse, lourde à l'estomac et pénible au cerveau.

Ordre de service des vins à table.

Brillat-Savarin, l'admirable auteur de la *Physiologie du goût* a dit : *les animaux se repaissent, l'homme mange, l'homme d'esprit seul sait manger.* On pourrait dire encore avec plus de raison : « les animaux s'abreuvent, l'homme boit, l'homme d'esprit seul sait boire.» En effet, s'il est difficile de manger sans faim, on peut presque toujours boire sans soif, on a même assez souvent l'occasion de boire sans soif, preuve évidente qu'il faut savoir boire.

Les vins, les liqueurs et la bière sont, selon la coutume de divers pays, les principaux agents de l'hospitalité et très souvent les intermédiaires obligés des rencontres d'amitié ou d'affaires ; il est bon dans ce cas d'offrir des liquides du meilleur choix relatif, car le piége le plus désobligeant qu'on puisse tendre à autrui c'est de l'inviter à dîner à la *fortune du pot* et à boire le *vin du cru*. Toujours d'après Brillat-Savarin qui s'y connaissait, inviter quelqu'un chez soi, c'est se charger de son bonheur pendant tout le temps qu'il reste sous votre toit, ou, en termes plus exprès, c'est pour lui offrir à manger et à boire dans de meilleures conditions qu'il le fait ordinairement chez lui ; si, dans ce cas, la maîtresse de la maison doit surveiller la cuisine, le maître a pour devoir de choisir et d'ordonner les vins et les liqueurs.

Selon les usages, la succession des vins dans leur ordre de service, varie d'après leurs caractères généraux ou leur renommée particulière ou encore le goût et la couleur qui leur sont propres ; mais la règle la plus hygiénique, qui est celle de Brillat-Savarin, c'est de les consommer dans l'ordre des plus tempérés aux plus généreux et aux plus parfumés.

Les coutumes des grandes maisons, dont on consulte à cet égard plus volontiers les usages, consistent à offrir après le potage du *Xérès* ou du *Madère sec* ; ces vins, très toniques, aident à l'assimilation de ce premier et aqueux aliment.

Avec les huîtres, les hors d'œuvre, on offre du vin blanc de Bourgogne ou de Bordeaux ou les deux simultanément, et dans les meilleurs vins fins possible. Au premier service le bordeaux d'abord et le bourgogne rouges ensuite, ils devront être pris parmi les plus inférieurs qu'on se propose d'offrir. Entre le premier et le second service, on offre un verre de madère, de vieux cognac ou de rhum ou bien encore du vermuth de première qualité suivant le désir ou le goût des convives, c'est là ce qu'on appelle le *coup du milieu*. Au second service, on offre alternativement du bordeaux, du bourgogne ou de l'ermitage, mais de qualité dite des *grands ordinaires*. Aux entremets il faut offrir les vins fins dans l'ordre hygiénique ci-dessus, de toute provenance mais rouges. Au commencement du dessert on doit présenter les vins à grande réputation des grands crus, de divers pays et de diverses couleurs en commençant par les rouges. Le vin de Champagne Sillery frappé se sert le dernier des vins qu'on boit en mangeant. A défaut de glace et même de Sillery on remplace par le meilleur champagne mousseux dont on dispose. Pour terminer le repas, et lorsque les convives s'attaquent aux pâtisseries sèches on offre du vin de liqueur, mais il serait plus prudent de n'en pas boire, car en cet état cette nature de vin trouble la digestion sans aucune compensation, à moins cependant qu'on puisse offrir du tokay, constance, schiraz, chypre et leurs pareils.

Dans les repas où on n'offre pas ces vins riches de réputation, l'ordre se suit en offrant un verre de xérès, marsala ou madère ordinaires après le potage; le vin blanc avec le poisson ou les hors-d'œuvre, le vin de Bordeaux et à la suite le vin de Bourgogne ordinaires rouges pour le premier service; entre les deux services, le coup du milieu; au second service, du meilleur vin rouge; à l'entremets, le vin fin, et au dessert le champagne.

Pour servir ces liquides avec une certaine pompe, huit verres sont nécessaires : 1° le verre ordinaire à pied pour mouiller le vin; 2° le verre à bordeaux ou à bourgogne; 3° le verre à madère, un peu plus petit que le dernier; 4° le verre vert pour le vin du Rhin; 5° la coupe en cristal brillant pour faire ressortir la belle couleur d'or du Johannisberg; 6° le verre allongé pour le champagne mousseux; 7° la coupe pour le champagne frappé; 8° et enfin le verre à liqueur.

Les verres à servir avec le couvert sont au nombre de trois : le grand verre à boire, le verre à madère et le verre à bordeaux ou bourgogne; au second service, on les enlève pour les remplacer par ceux qui sont destinés à contenir les vins désignés pour ce service.

Le maître de la maison doit veiller à ce que ses convives soient servis à leur goût et assez souvent pour qu'ils n'aient pas à désirer. La maîtresse doit veiller à ce que le café soit servi très chaud, presque bouillant.

Quantité d'alcool contenu dans les vins.

La quantité d'alcool absolu ou pur contenu dans 100 parties de vin varie suivant la nature du raisin qui l'a produit, le climat sous lequel il a mûri et la température de l'année où il a été cueilli.

Voici quelques indications prises dans le *Moniteur vinicole* du 7 janvier 1865, qui dit les avoir puisées lui-même dans les *Annales du commerce extérieur* :

	parties d'alcool.
Bagnols (*Gard*), pour 100 parties de vin	17
Madère vieux et Grenache............	16
Collioure (*Pyrénées-Orientales*)......	15,6
Jurançon (*Basses-Pyrénées*).........	15,2
Beaune, Nuits et bon vin de Bourgogne.	11 à 11,5
Vins en bouteille de la Société œnophile.	10,5
Vins de Châlons, Mâcon et Beaujolais.	10
Vin de Westphalie................	10
Vin de Saumur...	10
Vin de Tronquoy-Lalande (*Gironde*). .	9,9
Vin de Saint-Estèphe...............	9,7
Vins communs du Midi............	9,7
Graves et Kirvan-Laroze............	9,7
Lalagune et Château-Latour.........	9,3
Molsheim (*Allemagne*).............	9,2
Malaga et Chypre................	15,1
Saint-Georges (*Hérault*)...........	15
Sauternes blanc.	15
Rivesaltes (*Pyrénées-Orientales*)......	14,6
Jurançon rouge.................	12 à 13,7
Podensac (*Gironde*).............	12 à 13,7
Vauvert (*Gard*)...............	13,3
Gros vins du Midi...............	13
Barsac (*Gironde*).............	12 à 14,7
Coteaux d'Angers...............	12,9
Bommes blanc (*Gironde*)...........	12,2
Vins du Rhin.................	11 à 11,9

Ermitage rouge, Côte-Rôtie, Volnay...   11,4
Chambertin, Richebourg.............   11 à 11,5
Cantenac, Giscours, Léoville.........   9,1
Tokay (*Hongrie*)...................   9,1
Haut-Brion, Destournel, Branne......   9
Château-Laffitte et Château-Margaux..   8,7
Vins du Cher..................   7,6 à 8,7
Châtillon, près Paris...............   7,5
Verrières (*Seine-et-Oise*)..........   6,2

On récolte beaucoup de petits vins dans divers départements qui ne rendent que 5 pour 100 d'alcool.

Production, commerce et consommation des boissons.

Le PRODUCTEUR, qu'il soit propriétaire, vigneron, brasseur ou distillateur, semble naturellement assez absorbé par tous les soins que la culture ou la fabrication réclament de son activité, pour ne pouvoir être, que par exception, le commerçant de son produit. Le vigneron, moins encore que le brasseur et le distillateur, peut être un fournisseur permanent; dans la situation la plus favorable de sa récolte, il ne peut livrer au consommateur que des vins nouveaux que celui ci apprécie fort rarement selon leur mérite; mais le plus souvent son vin est plus ou moins bien réussi comme qualité et quelquefois la récolte manque totalement. Il est bien entendu qu'il n'est pas question ici des propriétaires négociants des différents vignobles qui rentrent dans

la classe des commerçants, car on peut bien supposer qu'un propriétaire qui recherche la clientèle du
consommateur ne s'en tiendra pas à l'importance de
ses propres vins s'il trouve un écoulement plus considérable.

Si le commerce a de très regrettables exceptions,
la production n'est pas dépourvue d'exemples de
manœuvres peu avouables ; on ne peut s'empêcher
d'admettre que la cuve où fermente la vendange se
prête beaucoup mieux à l'addition de liquide ou matières apocryphes que la futaille du commerçant,
surtout si on tient compte de ce fait que ce dernier
est constamment sous la surveillance de la régie,
tandis que le producteur peut, sans contrôle aucun,
préparer son vin à sa guise. J'ajoute, pour compléter la vérité, que les producteurs qui agissent ainsi
sont, sans doute, en petit nombre, mais que c'est
surtout parmi eux que se trouvent ces propriétaires
vendeurs, connus dans leurs contrées respectives,
pour se livrer à des pratiques blâmables, qui s'en
vont au loin proposer leurs produits et se livrent,
contre le commerce, aux critiques les plus violentes.

Le COMMERÇANT est l'intermédiaire indispensable de tous les produits naturels ou manufacturés,
indigènes ou exotiques. Il agit dans un esprit pure-
ment spéculatif ; il ne s'enthousiasme pour aucun
producteur ni pour aucun canton. En contact permanent avec le consommateur il étudie ses besoins,
et c'est le détenteur du produit qui convient le mieux
à sa clientèle qui obtient ses préférences. C'est dans
ses magasins que le commerçant, organisé à cet
effet, conserve, soigne et laisse améliorer les liquides

qu'il achète au producteur en temps le plus oppor-
tun ; c'est avec ces mêmes marchandises qu'il contient les exigences du récoltant et lui crée une concurrence favorable aux intérêts des masses. Le commerce subit les conséquences aléatoires de la hausse
ou de la baisse, mais cette circonstance exerce sur
lui moins d'influence que sur le producteur commerçant qui ne peut s'alimenter que chez lui ou
dans un rayon peu étendu, tandis que le négociant,
toujours au courant de l'abondance ou de la pénu-
rie dans toutes les contrées vinicoles, peut opérer
un système de compensation des prix qui lui per-
mette d'établir à peu de chose près une valeur assez
souvent constante. Vouloir établir des relations di-
rectes entre le producteur et le consommateur est
une utopie irréalisable dont le moindre effet serait
la ruine ou tout au moins l'engorgement du vigneron et la dépendance forcée du consommateur qui
ne trouverait dans cette gênante situation ni abais-
sement de prix, ni garantie de goût et de qualité.

Paris semble avoir le triste monopole des récriminations et des plaintes qu'on adresse, souvent
sans motifs, au commerce des vins, des écrivains de
talent et d'un excellent esprit, n'ont pas dédaigné
de rompre quelques lances contre lui. Examinons
en pratique les faits sous leur jour véritable et
voyons ce qu'il y a de fondé dans ces attaques plus
passionnées que logiques et qui n'atteignent jamais
leur véritable but.

Le Consommateur dont, pour diverses causes,
la portion du budget affectée à l'approvisionnement
de son vin est modeste, se montre exigeant pour la

qualité à l'égal de celui qui peut attendre pendant
plusieurs années l'amélioration du sien dans sa
cave. Le premier ne comprend pas ou ne veut pas
comprendre comment il se fait qu'un fournisseur ne
lui livre pas toujours du vin de même âge, de
même qualité, de même goût, de même couleur et
de même prix; il n'admet aucune circonstance qui
puisse en troubler la limpidité ou en modifier la
saveur. Le consommateur se donne bien garde de
calculer ce que son fournisseur devrait vendre un
bon vin qu'il demande en un volume commode pour
lui, et rendu presque sur sa table à un prix qu'il
trouverait très médiocre s'il voulait bien tenir
compte des frais suivants :

1° La remise du placier auquel le client s'adresse ;

2° Le temps du garçon qui l'apporte à son domi-
cile et à l'heure qu'il plaît à son concierge d'arbi-
trer ;

3° La mise en bouteilles ;

4° Le prix du bouchon et de la cire pour donner
un cachet qui fait figure ;

5° Le coût du droit d'octroi ;

6° Le prix de la futaille ;

7° Le prix du port du vignoble à Paris ;

8° Les frais généraux de loyer et de bureau ;

9° L'intérêt du capital du marchand ;

10° L'amortissement du capital de son matériel
qui s'use, se perd ou se casse ;

11° Les frais d'achat au vignoble, le coulage de
la route et celui qui résulte des diverses manipula-
tions que le vin doit subir avant sa mise en bouteilles ;

12° Les pertes résultant des factures impayées ou des bouteilles non rendues ;

13° Les frais de patente et d'éclairage ;

14° Enfin, les frais personnels d'entretien du commerçant et de sa famille.

Cette longue nomenclature grève le vin vendu au panier d'une somme qui n'est pas moindre en moyenne de cinquante centimes par litre et il reste à payer le prix du vin au propriétaire récoltant.

Comment peut donc faire le marchand de Paris pour livrer à *soixante et soixante dix* centimes le litre, des vins qui lui coûtent aussi cher de frais et qui sont, on est forcé de le reconnaître, généralement assez bons et certainement supérieurs en agrément à la plus grande partie des vins communs des diverses contrées de la France, qu'on serait, néanmoins, dans l'impossibilité de vendre à ce prix. *Si on n'y mettait que de l'eau*, disent la plupart des consommateurs de ces vins. Que peuvent-ils donc supposer qu'on y ajoute ? n'est-ce pas déjà beaucoup trop que de vendre de l'eau pour du vin ? Les condamnations prononcées contre quelques délinquants, ne relèvent jamais d'autres motifs de fraude ou de falsification.

Le commerce de détail a subi un rude échec par la concurrence que lui font depuis quelques années les nombreuses entreprises de vins à la bouteille. Les anciens débitants (beaucoup aujourd'hui encore suivent les mêmes errements) vendaient à un prix rémunérateur et fournissaient très bien, mais le plus grand nombre a dû être forcé pour se maintenir et éviter la ruine, de combiner les moyens propres à mettre d'accord son intérêt avec l'exigence de sa clientèle. Beaucoup de petits débitants, traiteurs et crémiers dont les établissements sont, pendant près de dix-huit heures sur vingt-quatre, l'asile et le réfectoire des travailleurs et qui, pour une consommation de quelques centimes pour le vin, ont à fournir à leurs pratiques assiette, couteau, fourchette, sel, poivre et moutarde, de la chaleur en hiver et une boisson fraîche en été, ne peuvent pas fournir un vin bien corsé au prix de *soixante et soixante-dix centimes le litre.* L'ouvrier le sait bien et ne se plaint pas, il se contente de chercher qui le traite le mieux relativement.

On ne peut pas nier que la fraude s'exerce au moyen d'addition d'eau, mais si ce mélange est complétement inoffensif pour la santé des consommateurs; s'il est circonscrit à des quantités destinées à une consommation immédiate, et si ces pratiques s'expliquent par la nécessité de vendre des vins à bon marché; il n'en est pas moins vrai que, lors même que l'exigence du consommateur qui veut toutes les apparences d'un vin irréprochable mais n'en veut pas payer la valeur, serait plus évidente que la cupidité du marchand; cette situation est d'autant plus regrettable, que du côté du fournisseur elle offense la morale et que de celui du consommateur elle le prive d'une partie des qualités qu'il recherche dans sa boisson; de plus, ces manœuvres blâmables entretiennent l'erreur du client, motivent ses récriminations et portent préjudice, à tous les points de vue, au commerce loyal qui est aussi le plus nombreux.

Il y a encore une cause de plaintes, cause bien
autrement importante mais bien plus difficile à apprécier, dont on rend le commerce tout entier res-
ponsable et qui entretient une suspicion injuste
contre lui. C'est une myriade de vendeurs qui af-
fectent toutes les formes sociales, se glissent sous
toutes recommandations et tous titres admissibles
auprès des chefs de maison, se suspendent à toutes
les sonnettes, les uns pour offrir les vins de propriétés qu'ils n'ont jamais possédées, les autres
comme parents, amis ou compatriotes de propriétaires imaginaires, quelques autres encore, sous
prétexte d'échange de marchandises ou ventes d'occasion, tous enfin, sans patente et sans responsabilité, échappant à tout contrôle, qui répandent dans la
consommation une quantité considérable de vins
dont la qualité et le prix sont en raison de la créé-
dulité et de l'insuffisance à apprécier des destina-
taires. Les choses en sont à ce point qu'on peut
dire que pour vendre du vin il n'en faut pas être
marchand. Cependant tous ces pourvoyeurs plus
ou moins interlopes s'adressent au commerce qui
livre de bonne foi et ne peut répondre de sa marchandise du moment où elle n'est plus entre ses
mains. Qu'arrive-t-il? c'est que le consommateur
paie beaucoup plus cher, à moins de qualité, mais
il se croit le droit de flétrir le commerce, car son
vendeur, dans ce cas, ne manque pas de dire qu'il
a été trompé lui-même, mais il ne fait jamais l'aveu
du bénéfice illicite, de l'élévation du prix et de l'a-
baissement de qualité qui sont le résultat de son intervention.

En résumé, créer un antagonisme entre le producteur et le commerçant c'est vouloir séparer les deux termes qui complètent une proposition, car si le propriétaire fournit ses produits, le négociant apporte ses capitaux et son activité à les faire connaître ; il court tous les risques des soins du magasinage et toutes autres circonstances aléatoires qui peuvent les atteindre. Le propriétaire peut, en tout *repos à cet égard, se livrer à ses travaux de culture.* Cette situation vaut bien la plus-value que ses vins pourraient atteindre s'il avait lui-même à le vendre par petites portions et avec des succès douteux pour le placement.

Quant au consommateur, il agirait à coup sûr plus sagement dans son intérêt en abandonnant des préjugés absurdes et en mettant un peu plus de vigilance et de soins à placer sa confiance, en recherchant les intermédiaires les plus directs et les moins coûteux, que de proférer à tous propos des plaintes sinon toujours injustes au moins constamment stériles.

Ventes publiques et Marchés vinicoles.

Pratiquées au vignoble, les ventes publiques peuvent provoquer parmi les viticulteurs une émulation profitable à la qualité des vins, aux soins que leur fabrication nécessite, et aussi au bon choix des cépages. Le propriétaire vigneron est naturellement enclin à suivre le chemin tracé par ses devanciers, et il faut que la lumière se fasse bien clairement sur ses intérêts pour lui faire accepter un changement quelconque dans ses habitudes ; il conteste assez volontiers la supériorité des produits de son voisin, et n'est jamais disposé à tenir compte des nuances de qualité qui déterminent le choix des acheteurs. Dans ce cas, la concurrence qui s'établirait pour le mérite réciproque des produits d'un pays solliciterait l'intérêt du viticulteur et l'engagerait, par contre, à améliorer ses procédés de culture et de fabrication.

On a traité avec beaucoup de raison la création des marchés vinicoles ; il serait bien désirable que cet appel fût entendu et que cette excellente idée fût mise en pratique. Quel avantage pour les producteurs et les acheteurs ! quelles entraves pour la fraude, qui n'oserait venir s'affirmer en public, presque certaine d'être découverte ! Le négociant aurait l'avantage de pouvoir se départir d'une vigilance incessante et coûteuse, et les producteurs n'auraient pas le regret de voir leurs produits réellement supérieurs confondus dans l'appréciation générale de ceux de leur contrée. On ne se rend pas assez compte que, parmi les quinze cents vignobles que la France possède, une importante quantité d'excellents vins perdent leur véritable nom en améliorant celui des quinze ou vingt contrées dont la réputation s'est établie à leur préjudice. C'est là, je le crois, que chaque produit, apprécié au grand jour des enchères, bénéficierait de son nom et de ses qualités propres. Pourquoi ne se passerait-il pas pour les vins ce qui a lieu pour les eaux-de-vie ? Aux marchés de Jarnac, Cognac, etc., les producteurs portent leurs échantillons ; les agents des maisons colossales de ce pays les dégustent avec soin; on est d'accord ou on ne l'est pas sur le prix; mais s'il se présente sur le marché un brûleur interlope, il est vite démasqué. Qu'en est-il résulté? C'est que l'on a pu se rendre un compte exact des bouilleurs honnêtes et de ceux qui ne l'étaient pas. Aussi ce riche pays, qui a vu un moment son ancienne renommée soupçonnée, a pu effacer une tache passagère en repoussant de ses approvisionnements ceux qui avaient porté atteinte à sa réputation.

Si la vente publique est une bonne chose au vignoble, où la notoriété des producteurs et des produits est facile, il n'en est pas ainsi sur les marchés ou entrepôts éloignés. En effet, quels vins porte-t-on à la vente et quels acheteurs se présentent pour enchérir? Si la marchandise exposée est bonne, elle court la chance neuf fois sur dix de s'offrir en temps inopportun, de subir une dépréciation intéressée, et par conséquent d'être adjugée au-dessous de sa valeur réelle, toutes circonstances qui ne sont pas de nature à séduire le détenteur et à l'engager à recommencer; si, au contraire, cette marchandise est douteuse comme provenance et comme qualité, le prix qu'elle atteindra sera si peu élevé, que le plus délaissé des vignobles n'en voudrait expédier à ce prix.

Le vin n'est pas un produit semblable aux autres biens de la terre qui conservent et affirment, où qu'ils soient transportés, leur nature et leur aspect particulier. Le vin, à part de rares exceptions, porte toujours avec lui ses causes morbides, qui se manifestent selon les saisons ou les lieux qui ne lui sont pas favorables. Il est exposé à de très nombreuses causes d'altération, qui se développent d'autant plus qu'on le prive des soins qui lui sont nécessaires; si c'est dans un de ces moments qu'on l'expose à la vente, il n'est pas douteux que la valeur qu'il offrira ne soit inférieure à son mérite réel.

Je disais quels acheteurs se présentent; sont-ils bien sérieux? J'ai vu des ventes publiques volontaires où il y avait *assez de monde*, mais pas d'acheteurs. J'en ai vu d'autres où des acheteurs commerçants se rendaient adjudicataires et se préoccupaient plus du bas prix que du mérite de la marchandise; mais un consommateur, jamais! Le lotissement est d'abord toujours trop fort pour lui, et il n'a pas assez confiance dans son appréciation pour acheter au hasard. Or, comme c'est, en définitive, l'acheteur en dernier ressort, il est bon de tenir compte de son intervention.

Je conclus et j'affirme que la vente publique au vignoble, pratiquée au moment où le produit et la qualité de la récolte sont connus, serait une utile et excellente innovation; que la vente à l'enchère sur les places commerciales est sans avantage; que ce mode d'écoulement peut favoriser la fraude, attendu que dans une vente publique chaque acquéreur est censé avoir reconnu le mérite de la chose adjugée, et que par conséquent le coupable de manœuvres frauduleuses échappe à toute responsabilité; qu'enfin les prix de vente portent, pour toutes ces causes, un préjudice notable, par leur infériorité, aux prix notoires que la production et le commerce cotent les vins de la qualité desquels leur honorabilité et leur réputation répondent.

Il ne suffit pas d'indiquer ou même de trouver un moyen qui favorise l'écoulement des produits; car si cet écoulement n'est pas rémunérateur pour le détenteur, à quelque titre qu'il le soit, le procédé ne peut subsister qu'à l'état comminatoire.

Analyse de l'ouvrage.

L'ART DE BOIRE, CONNAITRE ET ACHETER LE VIN aura pour effet d'instruire ou remettre en mémoire les faits pratiques de la production, du commerce et de l'approvisionnement des boissons. — Chacun y pourra puiser les formalités à remplir à l'égard des impôts pour le déplacement des boissons. — Il y apprendra les termes usités et en pourra faire une application utile selon ses besoins. — Il y verra quels sont les principes dont les vins sont formés. — Par la statistique générale de la France, le producteur s'instruira du contingent proportionnel qu'il fournit. — Par la statistique de chaque département, le propriétaire verra la nature et l'importance des vins des producteurs de chaque contrée vinicole; instruit sur le caractère et la qualité des vins de chaque vignoble, il pourra y puiser les éléments d'amélioration des siens. Le commerçant pourra se former une opinion sur l'importance du rendement de chaque pays, de ceux qui produisent des vins ou n'en produisent pas, de ceux qui ne récoltent que des vins communs et de ceux qui produisent des vins de choix, de manière à le fixer sur

les offres ou demandes que son intérêt l'eng'······'
à faire. Le conson......ur y puisera une notion
exacte de l'origine, du caractère et du mérite établi
de tous les vins ; il pourra, avec peu de soins, se
fixer sur le pays qui aura sa préférence. — A l'Algérie, on pourra juger de l'importance et de la qualité
des vins de cette colonie. — Aux vins étrangers,
tout lecteur aura l'occasion d'être bien renseigné
sur le pays producteur des vins que le commerce
vend assez indifféremment pour l'un ou l'autre.
Toute contrée du globe produisant des vins y est
indiquée avec les développements que comportent
l'importance et le mérite de ses produits. — La
classification y est établie d'après les usages du
commerce et de la consommation pour tous les vins
français et étrangers, d'après le mérite que la commune renommée leur attribue. — Les bières de
tous pays y sont désignées suivant leur qualité et
les substances qui servent à les fabriquer. — Les
alcools ou trois-six sont traités d'après les matières
qui les produisent. — Les eaux-de-vie y sont désignées suivant leur provenance et d'après les qualités qui sont généralement reconnues. — Les
liqueurs sont indiquées d'après les divers moyens
employés pour les fabriquer. — Les mélanges de
vins sont étudiés d'après les services qu'ils peuvent
rendre et des abus qu'ils peuvent provoquer. — Il
est fait mention du cidre, de l'hydromel, des sirops,
du café, du thé, des tisanes, de l'eau et de l'eau
de Seltz. — La fabrication des vinaigres est traitée
de manière à indiquer la provenance et la qualité et
à prévenir sur ceux qu'on fabrique avec des acides.

— L'art de déguster les liquides y est exposé d'une manière brève mais facile à comprendre et à en tirer profit. — Les soins pratiques pour les vins, le collage, la mise en bouteille, la surveillance des magasins, caves ou celliers, y sont suffisamment détaillés. — L'hygiène des boissons y est indiquée d'après les enseignements des meilleurs maîtres. — L'ordre de service dans lequel on doit servir les vins à table est indiqué d'après les usages des meilleures maisons. — Un tableau de la richesse alcoolique des vins indique le degré de prudence avec lequel on doit les boire. — Pour terminer, ce travail fait une appréciation des faits pratiques à l'égard du producteur, du commerçant et du consommateur.

L'Agence du vignoble.

Cette agence, fondée par l'auteur, a pour objet de créer à Paris, qui possède le marché aux vins le plus important du globe, un centre où puissent aboutir les demandes et offres de tout acheteur et vendeur de vins, spiritueux, bières, cidres et vinaigres; les appareils, ustensiles de fabrication ou de magasin; les bouteilles, bouchons, cire, casiers; les journaux et livres spéciaux; les colles et bouquets pour clarifier et améliorer les boissons; et enfin tout ce qui peut intéresser le principal et les accessoires de la production, du commerce et de la consommation des boissons, seront, sur demande, l'objet de l'entremise de l'Agence.

Les moyens d'action consistent en une certaine publicité, en des correspondances ou des relations avec les producteurs, fabricants, marchands, commissionnaires et courtiers des contrées, entrepôts et places vinicoles.

Journaux spéciaux consultés pour cet ouvrage.

LE MONITEUR VINICOLE, 8, rue de l'Université, Paris.

Ce journal est l'organe des meilleurs procédés de culture de la vigne, de la production et du commerce des boissons, dont il publie le cours.

Paraît deux fois par semaine, mercredi et samedi. Abonnement : 20 fr. par an. Six mois, 11 fr.

LE MONITEUR DES SPIRITUEUX, 11, rue d'Aubervilliers, La Chapelle–Paris.

Ce journal est l'organe de la production et du commerce des liquides. Il publie dans chaque numéro une situation très exacte des 3/6 et un cours des vins, eaux-de-vie, droguerie et épicerie.

Paraît une fois la semaine, le mercredi. Abonnement : 8 fr. par an.

LE MONITEUR DE LA BRASSERIE , publié à Bruxelles, 2, rue Dupont, et 11, rue d'Aubervilliers, La Chapelle-Paris.......

Ce journal est l'organe de la fabrication et du commerce de la bière; il est toujours au courant des meilleurs procédés et des meilleures matières employés dans cette industrie.

Paraît une fois la semaine, le dimanche. Abonnement : 12 fr. par an.

TABLE DES MATIÈRES

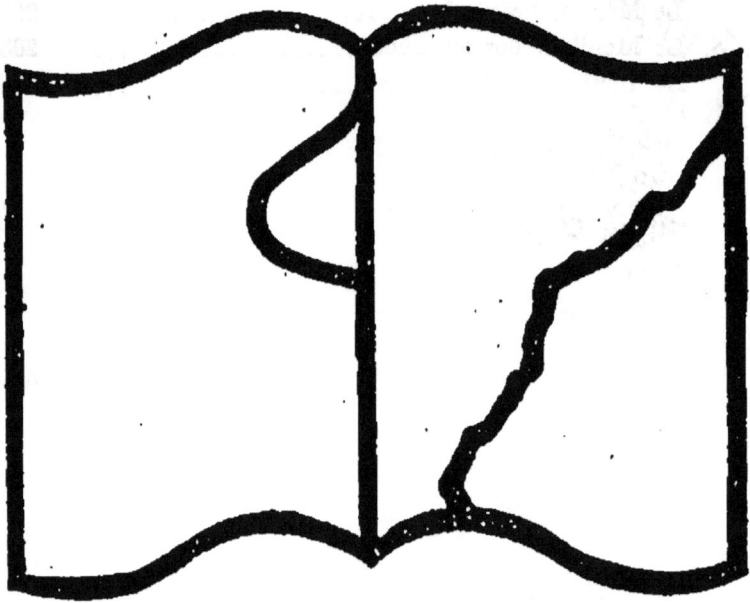

Texte détérioré — reliure défectueuse

NF Z 43-120-11

www.ingramcontent.com/pod-product-compliance
Lightning Source LLC
Chambersburg PA
CBHW070526200326
41519CB00013B/2944